Siegfried Rietschel

Insekten

W0086596

Prof. Dr. Siegfried Rietschel

Insekten

Treffsicher bestimmen mit dem 3er-Check

blv

Inhalt

Insekten – gut oder böse 6

Wer zählt die Völker, kennt die Namen 7

Wie in einer Ritterrüstung 10

Vom Leben der Überlebenskünstler 12

Das Bestimmen mit diesem Buch 19

Artenschutz 28

Bestimmungsteil 30–231

Libellen 30

Käfer 46

Wanzen 104

Zikaden 130

Heuschrecken . . 136

Grillen
und Schaben . . . 146

Hummeln
und Bienen 154

Wespen 164

Ameisen 180

Netzflügler
und Ähnliche . . . 186

Fliegen
und Mücken 196

Ur-Insekten und
Pflanzenläuse . . . 218

Larven
an Land 222

Larven
im Wasser 226

Gallen 230

Literatur, Insektenforschung 232

Deutsche und wissenschaftliche Insektennamen 233

Insekten – gut oder böse

Keine Tiergruppe bevölkert die Erde in so großer Zahl und Artenvielfalt wie die der Insekten. Trotz jahrhundertelanger Forschung sind längst nicht alle Insektenarten beschrieben. Alleine aus Mitteleuropa sind etwa 30 000 Arten bekannt, aus Europa insgesamt ca. 100 000. Sie begegnen uns somit auf Schritt und Tritt, und das nicht nur in der freien Natur, sondern auch im Garten, im Keller, am Blumenfenster oder in der Küche.

Zwiespältig sind unsere Gefühle bei solchen Begegnungen. Wenn wir auf einer Wanderung rasten, erfreuen uns Eleganz und Schönheit einer Libelle oder eines bunten Käfers. Die Hummelkönigin und die Honigbiene werden zu ersten Frühlingsboten, wenn sie im März die Frühlingsblumen aufsuchen; zugleich vermeiden wir jedoch den direkten Kontakt, weil wir wissen, dass sie stechen können. Die Blattläuse im Blumenfenster fordern unseren Zorn heraus, die Schabe in der Küche sogar Ekelgefühle. Unsere Gefühlswelt ordnet Insekten nach gut oder böse, schön oder hässlich, harmlos oder gefährlich, nützlich oder schädlich.

Wie wir Insekten einzuschätzen haben, hat jedoch zunächst nichts mit Gefühlen, sondern mit Erkennen und Wissen zu tun. Im Haushalt der Natur sind sie ein unverzichtbares Glied in fast jeder Nahrungskette. Was wären z.B. die Blütenpflanzen ohne Insekten? Müssten wir ohne sie nicht auf Obst und zahlreiche Nahrungsmittel verzichten? Wovon würden die meisten Amphibien, Reptilien, Vögel und Fledermäuse leben, gäbe es keine Insekten? Hat nicht gar die früheste Entwicklung von Vorfahren des Menschen in der Kreidezeit eine gemeinsame Wurzel mit der Entwicklung der Insektenesser?

Auf der anderen Seite haben Insekten schon oft entscheidend in das Schicksal von Menschen und ganzen Völkern eingegriffen, indem sie Ernten vernichteten oder die Erreger von Pest, Malaria, Schlafkrankheit, Fleck- und Gelbfieber oder anderen Krankheiten auf den Menschen übertrugen und die Ausbreitung von Seuchen verursachten.

Marienkäfer, hier ein Weibchen, das gerade Eier legt, kennt fast jedes Kind. Sie sind Sympathieträger und nützliche Blattlausvertilger.

So mag jede Begegnung mit einem unbekannten Insekt Fragen aufwerfen, und wenn es nur die Frage ist: Wie verhalte ich mich? Schlage ich die Biene tot, weil sie mich stechen könnte oder freue ich mich an ihr, weil sie eine interessante Lebensweise hat, der ich letztlich auch meinen Honig verdanke. Die erste Frage sollte jedoch stets lauten:

Welches Insekt ist das?

Erst dann kann man sich über seine Lebensweise und seine Beziehungen zum Menschen kundig machen. Angesichts der großen Zahl verschiedener Insekten wird zwar in vielen Fällen nur ein Spezialist eine sichere Bestimmung vornehmen können. Aber die Zahl der häufigsten Insekten, denen man in Haus und Garten, bei Spaziergängen am Wiesenrand oder im Wald immer wieder einmal begegnet, ist begrenzt und nicht sehr groß. Diese Insekten sollte man anhand weniger Merkmale zufriedenstellend unterscheiden und bestimmen können, zumal einige von ihnen gewiss jedermann bereits kennt, wie z.B. Stubenfliege und Stechmücke, Maikäfer und Marienkäfer.

»Insekten im 3er-Check« macht es möglich, 193 häufige Insekten treffsicher zu bestimmen und zugleich etwas über ihr Vorkommen und ihre Lebensweise zu erfahren. Die Auswahl berücksichtigt das Alltägliche, gibt einen Einblick in die Formenvielfalt und Schönheit, macht auf Nutzen und Schaden ebenso aufmerksam wie auf biologische Besonderheiten in der Entwicklung und Lebensweise von Käfern, Libellen, Hummeln, Bienen, Ameisen, Wanzen, Zikaden, Heuschrecken, Fliegen, Mücken etc. Außerdem werden 24 Larven und 6 von Insekten erzeugte Gallen abgebildet und beschrieben.

Wer zählt die Völker, kennt die Namen

Insekten gibt es seit mindestens 380 Millionen Jahren. Während dieses unvorstellbar langen Zeitraumes haben sie sich nicht nur über die gesamte Erde ausgebreitet, sondern sich auch an alle Lebensräume angepasst, vom Äquator bis in die Arktis, von der Meeresküste bis ins höchste Hochgebirge. Dabei entwickelten sie, fußend auf dem Bauplan von Gliedertieren, eine ungeheure Formenvielfalt. Dieser Grundbauplan der Gliedertiere ist in Anpassung an bestimmte Lebensweisen in mannigfacher Weise abgewandelt. Außerdem wird er in seiner jeweils gültigen Form erst vom ausgewachsenen Tier erreicht, während die Entwicklungsstadien als Larven und in der Ruheform der Puppe (die es allerdings nicht bei allen Insektengruppen gibt) gänzlich anders aussehen. In welcher Weise der Formwandel geschieht, wird bei den einzelnen Insektenordnungen erläutert.

Die Insekten sind nach der wissenschaftlichen Systematik in einer eigenen Klasse zusammengefasst. Innerhalb dieser kann man 33 große »Ordnungen« unterscheiden, in die jeweils die näher miteinander verwandten Insekten-Arten eingeordnet werden. Die in diesem Buch aufgeführten Insekten gehören zu den 19 wichtigsten Ordnungen. Eine weitere, bedeutende Ordnung ist im **TopGuideNatur Schmetterlinge** gesondert dargestellt. Jedes beschriebene Insekt hat einen lateinischen Namen und jedes häufige auch einen deutschen. Der lateinische Name ist ein Doppelname, der die Gattung und die Art benennt. Als Beispiel nehmen wir den Hirschkäfer *Lucanus* (Gattung) *cervus* (Art). Er gehört in die Familie der Hirschkäfer (Lucanidae), eine der zahlreichen Familien der Ordnung Käfer (Coleoptera). Die Hauptgruppen im Bestimmungsteil dieses Buches sind allerdings nicht konsequent nach dem systematischen Ordnungsprinzip sondern, um das Erkennen zu erleichtern, nach äußeren Ähnlichkeiten zusammengestellt.

In diesem Führer sind folgende Insektengruppen beschrieben:

1. Unterklasse **Ungeflügelte oder Ur-Insekten** (Apterygota). Diese urtümlichsten aller Insekten haben den einfachsten Bauplan und besitzen noch keine Flügel. Zu ihnen gehören u.a. die Ordnungen der Springschwänze (S. 219) und der Fischchen (S. 218).

2. Unterklasse **Geflügelte Insekten** (Pterygota). In ihr sind alle anderen Insekten zusammengefasst, die an Mittel- und Hinterbrust wenigstens ansatzweise jeweils ein Flügelpaar haben. Die Flügel können zwar teilweise oder ganz verkümmert sein, doch ist ihr Ansatz immer vorhanden. Die »Geflügelten Insekten« umfassen wiederum zwei deutlich verschiedene Gruppen:

> In der ersten Gruppe haben die Larven bereits Ähnlichkeit mit ihren Eltern, auch wenn ihnen die Flügel fehlen. In ihrer Entwicklung fehlt ein Puppenstadium. Man nennt sie aufgrund dieser unvollkommenen (»hemimetabolen«) Verwandlung **Hemimetabola**. Zu ihnen gehören die nachfolgenden 9 Ordnungen:

Eintagsfliegen (Ephemeroptera: S. 195) sind mit knapp 100 Arten in Mitteleuropa verbreitet. Ihre Larven leben 1-3 Jahre in Bächen, Seen und Flüssen. Die geflügelte Form, die sich ein weiteres Mal häutet, ist nachts aktiv und lebt nur wenige Stunden bis einige Tage. Eintagsfliegen können in Massen auftreten.

Libellen (Odonata: S. 30-45) sind mit etwa 80 Arten in Mitteleuropa verbreitet. Ihre Larven leben räuberisch in unterschiedlichen Gewässern. Sie schlüpfen im Sommer und jagen im Flug, auch abseits von Gewässern, kleine Insekten. Auffallend sind Paarungsverhalten und Eiablage. Libellen können nicht stechen!

Steinfliegen (Plecoptera: S. 192), von denen es in Mitteleuropa gut 100 Arten gibt, leben an Bächen und Flüssen, in denen auch ihre Larven zu finden sind.

Ohrwürmer (Dermaptera: S. 103) haben in Mitteleuropa 7 Arten und sind häufig in der Nähe des Menschen zu finden.

Fangschrecken (Mantoptera: S. 136) sind zwar in den Tropen häufig, in Mitteleuropa aber nur durch 1 Art, die Gottesanbeterin, vertreten.

Dem Ohrwurm, dessen Weibchen seine Brut fürsorglich pflegt, begegnet man eher mit Abneigung, zumal er mit seinen Zangen zwicken kann.

Schaben (Blattoptera: S. 151-153). Von den 12 in Mitteleuropa vorkommenden Arten sind einige aus tropischen Ländern als Ungeziefer eingeschleppt.

Heuschrecken (Orthoptera: S. 137-150) zählen in Mitteleuropa ca. 80 Arten. Im Sommer sind sie häufig auf Wiesen, Ödflächen und auf Büschen und Bäumen. Oft wird man durch ihren »Gesang« auf sie aufmerksam.

Wanzen (Heteroptera: S. 104-129). Die in Mitteleuropa beheimateten ca. 900 Arten ernähren sich teils von Pflanzensäften, teils räuberisch. Einige Arten leben im oder auf dem Wasser. Durch die Bettwanze kamen alle in Verruf.

Pflanzensauger (Homoptera: S. 130-135, 220-221) sind überwiegend unauffällige Insekten, die es in Mitteleuropa auf mehr als 2.000 Arten bringen. Zu ihnen gehören die Zikaden und mehrere Gruppen von Pflanzenläusen, darunter etliche Schadinsekten.

> Bei der zweiten großen Gruppe von Insekten vollzieht sich die Entwicklung über Larven, die keine Ähnlichkeit mit ihren Erzeugern haben, sondern erst über ein Puppenstadium zum fertigen Insekt werden. Man nennt dies die vollkommene (»holometabole«) Verwandlung und die Gruppe **Holometabola**. Zu ihr gehören die nachfolgenden 8 Ordnungen:

Schlammfliegen (Megaloptera: S. 193). Ähnlich wie bei den Eintagsfliegen verbringen die Larven der ca. 60 mitteleuropäischen Schlammfliegen-Arten mehrere Jahre im Schlamm von Gewässern. Sie verpuppen sich an Land und leben nach dem Schlüpfen nur wenige Wochen.

Kamelhalsfliegen (Rhaphidioptera: S. 190) sind langhalsige, den Florfliegen ähnliche Räuber, die mit ca. 20 Arten in Mitteleuropa vorkommen und durch ihr eigenartiges Aussehen auffallen.

Netzflügler (Neuroptera: S. 186-189). Die Verwandtschaft von Florfliegen und Ameisenjungfern ist mit ca. 120 Arten in Mitteleuropa verbreitet. Einige von ihnen sind nicht selten und als räuberische Blattlausvertilger gerne gesehen.

Käfer (Coleoptera: S. 46-102). Die gemeinsam mit den Schmetterlingen bekannteste Insektengruppe zählt in Mitteleuropa immerhin ca. 6 000 Arten. Ihre Vielfalt in Aussehen und Ernährung ist sehr groß, und manches aus der Sicht des Menschen nützliche oder schädliche Insekt ist unter ihnen.

Hautflügler (Hymenoptera: S. 154-157, 159-185) sind in Mitteleuropa mit ca. 10 000 Arten von Bienen, Hummeln, Wespen, Ameisen etc. die artenreichste Insektenordnung. Viele Hautflügler, wenn auch nicht alle, können schmerzhaft stechen, und einige haben in Insektenstaaten ein soziales Zusammenleben entwickelt. Für die Blütenpflanzen sind viele Hautflügler bei der Bestäubung der Blüten die wichtigsten Insekten.

Zweiflügler (Diptera: S. 158, 196-217). Fliegen und Mücken bringen es in Mitteleuropa auf ca. 5 000 verschiedene Arten mit großer Vielfalt in Lebensweise und Aussehen haben. Unter ihnen sind einige für den Menschen gefährliche Krankheitsüberträger.

Schnabelfliegen (Mecoptera: S. 191). Mit nur 9 mitteleuropäischen Arten sind die räuberisch lebenden Verwandten der Skorpionsfliege eine unbedeutende, aber doch bemerkenswerte Insektengruppe.

Köcherfliegen (Trichoptera: S. 194) leben als Larven mit etwa 280 Arten in vielerlei Gewässern Mitteleuropas. Sie bauen sich köcherartige Schutzhüllen und sehen als fertiges Insekt einem Nachtschmetterling oder einer große Motte nicht unähnlich.

Wie in einer Ritterrüstung

So verschieden Insekten auch aussehen, sie haben einen gemeinsamen Grundbauplan: Ihr Körper ist polar, d.h. er hat ein Vorderende, an dem die Sinnesorgane konzentriert sind, er hat **6 Beine** und ist wie der Körper eines Tausendfüßers quer in Segmente gegliedert. Die vordersten 6-7 Segmente sind in einer **Kopfkapsel** verschmolzen. Sie trägt die Fühler, die Augen und die Mundwerkzeuge. Die 3 nachfolgenden Segmente bilden die Brust. Das 1. Brustsegment trägt oben das Halsschild, am 2. und 3. Brustsegment sitzen seitlich oben die Gelenke der **Vorder- und Hinterflügel**. Auf der Unterseite befindet sich an jedem Brustsegment ein Beinpaar. Der beinlose **Hinterleib** zeigt die Körpergliederung mit seinen 11 Segmenten am deutlichsten und trägt am Hinterende die Geschlechtsorgane und den After.

Die Atmung erfolgt durch ein feines Röhrensystem, die »Tracheen«. Sie versorgen die Körperzellen mit Sauerstoff und münden nach außen in den so genannten »Stigmen«. Tracheen, Nerven- und Kreislaufsystem folgen der Segmentgliederung des Körpers.

Ein startender Weichkäfer offenbart seinen Bauplan: Kopf mit Fühlern; Brustabschnitt mit (hier rotem) Halsschild, festen Flügeldecken und häutigen Hinterflügeln; gegliederter Hinterleib.

Das Skelett der Insekten ist ein Außenskelett aus Chitin, einem hornartigen, sehr festen und zugleich auch elastischen Stoff. Es umgibt das Binde- und Muskelgewebe sowie die Organe des Körpers wie eine Ritterrüstung. Wie diese ist es aus Einzelteilen zusammengesetzt, die gelenkig durch elastische Zwischenstücke miteinander verbunden sind. Neben vielen guten Seiten hat jedoch eine feste Rüstung den großen Nachteil, dass sie nicht größer wird, wenn der Körper in ihr wächst.

Die Larven vieler Insekten sind deshalb weichhäutig, haben aber meist schon harte Kiefer oder gar eine feste Kopfkapsel. Der spätere Chitinpanzer wird bei diesen erst während der Puppenruhe angelegt und nach dem Schlüpfen verfestigt. Jene Insekten, die eine unvollkommene Entwicklung ohne Puppenruhe haben, besitzen schon als Larven einen Chitinpanzer. Da dieser nicht mitwachsen kann, müssen sich die Larven mehrmals häuten. Dabei wird der alte, zu klein gewordene Panzer abgestreift und der noch weiche, unter ihm liegende neue Panzer gedehnt und dann ausgehärtet. Die Häutung betrifft die gesamte Körperoberfläche, also auch die Fühler, die Augen, die Beine etc. Mit der letzten Häutung entstehen auch die schon vorher an der Larve angelegten Flügel. Ebenso nimmt ein aus der Puppe schlüpfendes Insekt erst die in der Puppenruhe angelegte endgültige Gestalt an, indem es den Chitinpanzer dehnt, die Flügel streckt und wartet, bis der Panzer ausgehärtet ist.

Ein fertiges Insekt, die Imago, wächst nicht mehr und steckt fest im Chitinpanzer. Ein kleiner Hirschkäfer oder eine kleine Schmeißfliege sind deshalb nicht »jung«, sondern stets ausgewachsen und lediglich – vielleicht aufgrund schlechter Ernährung in der Larvenzeit – kleiner als ihre Artgenossen. So erklärt sich auch die mitunter beträchtliche Spanne in den Größenangaben der hier beschriebenen Arten.

Angesichts dieses Wachstumsplanes kann es kaum verwundern, dass viele geschlechtsreife »erwachsene« Insekten nur ein kurzes Leben haben. Ihm geht in der Regel allerdings ein sehr langes Larvenleben voraus. Die Engerlinge des Maikäfers leben z.B. 3-5 Jahre im Boden, die des Hirschkäfers sogar 5-8 Jahre in einem Eichenstamm. Eine nordamerikanische Zikaden-Art nagt gar 17 Jahre lang als Larve an Wurzeln, bevor sie als Zikade für wenige Wochen in den Bäumen singt. Die Eintagsfliegen schließlich leben bis zu 3 Jahre als Larven im Wasser, um dann nur zu Hochzeitsflug und Eiablage das Wasser zu verlassen und, nachdem diese Aufgaben erfüllt sind, wenige Stunden später zu sterben. Als fertige, flugfähige Insekten erleben sie somit kaum 0,1 % ihrer Gesamtlebenszeit!

So begegnen wir den meisten Insekten nur für wenige Wochen oder, wenn sie überwintern, für einige Monate. Doch gibt es auch Insekten, wie z.B. einige Laufkäfer-Arten, die eine längere, mehrjährige Lebensspanne haben können.

Vom Leben der Überlebenskünstler

Am Anfang war das Ei

Das Ei steht am Beginn der Entwicklung fast aller Insekten. Allerdings gebären manche Insekten auch lebende Larven (z.B. einige Fliegen-Arten, Blattläuse).

Bei den **hemimetabolen Insekten** schlüpft aus dem **Ei** eine **Larve**, die bereits große Ähnlichkeit mit ihren Eltern hat. Beispiele geben u.a. die Heuschrecken und die Ohrwürmer. Die Larven müssen sich, bis sie die endgültige Größe erreicht haben, öfters häuten. Voll ausgebildete Flügel und Geschlechtsorgane erhalten sie erst mit der letzten Häutung, die sie ohne Puppenstadium als **fertiges Insekt** (»Imago«) aus der Larvenhaut entlässt.

Bei den **holometabolen Insekten** schlüpft aus dem **Ei** eine Larve, die mit ihren Eltern keinerlei Ähnlichkeit hat. Beispiele geben der Enger-

Die lang gestielten Eier eine Florfliege (hier an einer Mohnkapsel) sind dank ihrer Lage gut vor kleinen Fressfeinden geschützt.

Die hemimetabole Larve links sieht bereits der erwachsenen Wanze (hier Baumwanze) ähnlich, lediglich die Flügel fehlen. Die holometabole Larve rechts ist vom Käfer (hier Kartoffelkäfer) völlig verschieden.

ling, aus dem ein Maikäfer, und die Fliegenmade, aus der eine Stubenfliege wird. Während die Larve wächst, häutet sie sich öfters und wandelt sich am Ende der Larvenzeit in ein Ruhestadium um, die **Puppe**. Diese ist meist von einer harten Chitinhülle umgeben, unter der sich die Umwandlung zum **fertigen Insekt** (»Imago«) vollzieht. Wenn es nach einer Ruhezeit schließlich aus der Puppenhülle schlüpft, muss es nur noch seine Flügel dehnen und spannen sowie den vorher weichen Körperpanzer aushärten lassen.

Dieser Entwicklungsgang vollzieht sich bei den einzelnen Gattungen und Arten in vielen Variationen, bei manchen im Wasser, bei anderen auf dem Land im oder am Boden oder auf Pflanzen. Bei einigen Arten, z.B. von Käfern, schlüpfen die Larven sofort aus den Eiern, bei anderen Arten ruhen die Eier tage-, wochen- oder jahrelang. Viele Blattläuse und manche Fliegen sind hingegen lebend gebärend. Brutfürsorge, bei der die Eier oder auch die Larven bewacht, verteidigt und gepflegt werden, gibt es ebenfalls bei fast allen Insektengruppen. Auch hinterlassen manche Arten Bakterien oder Pilzsporen an ihren Eiern; so geben die Weibchen den schlüpfenden Larven lebenslange Helfer mit auf den Weg, durch die sie sonst unverdauliche Stoffe aufschließen können.

Auch der Zeitraum der Entwicklung ist von Art zu Art verschieden und zudem meist von äußeren Bedingungen, insbesondere von Temperatur, Feuchtigkeit und Nahrung, abhängig. Sowohl die Entwicklung der Larven als auch die Puppenruhe werden von Umwelteinflüssen mitbestimmt. Bei einigen Arten können die Puppen »überliegen«, d.h. mehrere Winter überdauern, bevor das fertige Insekt schlüpft. Die Zahl der Häutungen ist zwar für jede Art gleich, nicht aber dieselbe bei allen Insektengruppen. Bei den Ur-Insekten finden sogar noch bei den geschlechtsreifen Tieren weitere Häutungen statt.

Einer der Höhepunkte der Entwicklung im Insektenreich stellen zweifellos die »sozialen Insekten« dar. Bei Ameisen, Bienen, Hummeln und Wespen sind im Zuge einer Brutfürsorge mehrere unterschiedlich hoch entwickelte Formen von Insekten-Staaten entstanden. In den meisten von ihnen dienen geschlechtsneutrale Tiere in großer Zahl (»Arbeiterinnen«, da sie unterentwickelte Weibchen sind) wie Organe eines gemeinsamen Körpers nur dem Gesamtorganismus, der als Volk die einzelnen Tiere überlebt. In dieser Gemeinschaft ist im Extrem nur ein einziges Weibchen als Königin zum Erzeugen von Nachwuchs befähigt.

Im Nest der Ackerhummel sind die Brutzellen zwischen Gras und Moos nicht mit Wachs zu größeren Waben verkittet.

Mit allen Sinnen

Über den Chitinpanzer der Insekten sind Sinnesgruben und Sinneshaare in großer Zahl verteilt und an manchen Stellen, wie z.B. an den Fühlern und den Mundwerkzeugen, in großer Dichte vorhanden. So können Insekten unerwartet schnell und wirkungsvoll auf Erschütterungen, Gerüche, Töne, nahende Gefahren und Veränderungen ihrer Umwelt reagieren. Die hohen Leistungen ihrer Sinnesorgane lassen sich hier nur an wenigen Beispielen nennen.

Wer einer Fliege oder Libelle genau ins **Auge** schaut, sieht ein regelmäßiges Netz sechseckiger Linsen. Es sind Einzelaugen in unterschiedlich großer Zahl, die ein solches »Netz- oder Komplexauge« zusammensetzen. Bis zu 30 000 dieser Einzelaugen können bei manchen Käfern und Libellen ein Komplexauge bilden. Sie ermöglichen den Insekten recht scharf, kontrastreich und farbig zu sehen. Insbesondere aber können sie Bewegungen sehr gut erkennen und deshalb beim Beutefang oder in Gefahr außerordentlich schnell reagieren. Manche Insektenaugen sind auch in der Lage, polarisiertes Licht zu erfassen, weshalb sich fliegende Insekten wie z.B. Bienen auch bei bedecktem Himmel am Sonnenstand orientieren. Außer diesen Komplexaugen haben die meisten flugfähigen Insekten als Steuerungshilfe noch 1-3 Punktaugen auf dem Scheitel.

Dass der **Geruchssinn** von Insekten hoch entwickelt sein kann, erkennt man u.a. daran, wie schnell Wespen einen Pflaumenkuchen oder Fliegen und Aaskäfer eine tote Maus finden. Manche Duftstoffe locken einige Insekten kilometerweit herbei, besonders wenn es sich um Sexuallockstoffe (Pheromone) handelt, die bei der Partnersuche helfen. Sie werden noch in allergrößter Verdünnung durch hochempfindliche Geruchsorgane, die an den Fühlern sitzen, von den Partnern wahrgenommen.

Die Stubenfliege »schmeckt« das Brot auf dem sie sitzt bereits mit den Fußsohlen, bevor sie es mit ihrem Tupfrüssel beleckt.

Die **Geschmacksorgane** hingegen befinden sich, wie zu erwarten, an den Mundwerkzeugen. In Ausnahmefällen, wie z.B. bei manchen Fliegen, tragen zusätzlich auch die »Fußsohlen« Geschmacksorgane.

Da zahlreiche Insekten auf **Geräusche** reagieren, ist zu erwarten, dass sie hören können. Tatsächlich haben viele Insekten besondere Sinneshaare, die auf Erschütterungen und Schallwellen ansprechen. Daneben gibt es bei manchen Insekten, wie z.B. Zikaden, dünn gespannte Hautstellen, die als Trommelfell Töne empfangen und auf Sinneshaare übertragen.

Drum singe wem Gesang gegeben

Viele Insekten sind nicht stumm und ihre Laute auch vom menschlichen Ohr wahrnehmbar. Einerseits erzeugen fliegende Insekten recht unterschiedliche Fluggeräusche. Bremsen und Schnaken verwirren mit ihnen sogar ihre Opfer. Andererseits lassen sich durch Aneinanderreiben von Chitinstrukturen Töne erzeugen. So entstehen zirpende Töne, wenn Grillen ihre Hinterflügel an den Deckflügeln vibrieren lassen, Heuschrecken ihre Hinterschenkel über die Vorderflügel streichen oder Wanzen ihre Beine an bestimmten Körperstellen reiben. Die schrillen Töne entstehen an gezähnten Kanten einer »Schrilleiste«, die wie ein Kamm wirkt, dessen Zähne man über eine Tischkante streicht. Die Zikaden lärmen hingegen mit einem »Trommelorgan«, dessen starr gespannte Chitinplatte schnell wechselnd in zwei Richtungen eingedellt wird. Auch manche Käfer haben Zirporgane oder erzeugen durch Schlagen mit dem Kopf Klopfgeräusche. Dass bei einigen Insektenarten nur die Männchen »singen«, wusste man schon vor mindestens 2.400 Jahren, als Xenarchos auf Rhodos in einer Komödie zutreffend feststellte: »Glücklich leben die Zikaden, denn sie haben stumme Weiber«!

Bei einigen Arten dienen die erzeugten Geräusche der Kommunikation mit Artgenossen. Manche Arten können sich sogar durch Lautäußerungen verständigen oder finden. Das gilt u.a. für die zirpenden

Glühwürmchen verständigen sich über Lichtsignale. Das männliche Kleine Glühwürmchen erkennt man als Käfer, während das Weibchen mit hellem, unbedecktem Hinterleib wie eine Larve aussieht.

Gesänge der Grillen, Zikaden und Heuschrecken, die bei der Partnersuche eine Rolle spielen. Lautäußerungen können außerdem auch ihren Grund in einer Schreckreaktion oder Notsituation haben.

Neben der Kommunikation durch Duftstoffe oder Laute verständigen sich Insekten auch durch Berühren mit den Fühlern und eine »Körpersprache«, die besonders bei der Honigbiene auffällt. Diese teilt z.B. ihren Stockgenossen durch einen »Schwänzeltanz« mit, in welcher Richtung und Entfernung nektarreiche Blüten zu finden sind. Bei Glühwürmchen findet eine Verständigung über Lichtsignale statt, und viele Insekten erkennen ihre Artgenossen an Farbmustern.

Farben- und Formenvielfalt

Das Wort von der »bunten Insektenwelt« gilt nicht nur für Schmetterlinge, sondern trifft auch auf fast alle anderen Insektengruppen zu, seien es Libellen, Käfer, Wanzen, Zikaden, Fliegen, Hautflügler oder Heuschrecken. Dabei sind die Farben und Farbmuster meist kennzeichnend für die jeweilige Art und somit eine wichtige Hilfe bei der Bestimmung. Den Insekten selbst helfen sie in vielerlei Hinsicht.

So können sich Insekten mit Hilfe ihres Farbmusters, der so genannten »Tracht«, in ihrer natürlichen Umgebung vor Feinden verbergen, wenn diese in Farbe und Muster mit ihrer Umgebung übereinstimmt. Dabei können auch Körperform und Verhalten eine Anpassung an die Umgebung verbessern, wenn z.B. eine erstarrte Stabheuschrecke wie ein dürrer Zweig aussieht oder eine Dornzikade kaum von umgebenden Dornen zu unterscheiden ist.

In Farbe und Gestalt ähneln manche Insekten auch sehr stark anderen, nicht mit ihnen verwandten Insekten, unter denen sie dann nicht auffallen, wie z.B. manche ameisenähnlichen Wanzenlarven unter Ameisen. Eine solche Ähnlichkeit kann Schutz bieten, wenn in Farbe und Gestalt wehrhafte Insekten durch harmlose nachgeahmt werden, wie z.B. stechlustige Wespen durch manche harmlose Fliegen, Käfer oder Schmetterlinge. So werden mögliche Fressfeinde getäuscht, gewarnt oder abgeschreckt. Umgekehrt können selbstverständlich auch Gestalt und Farbe helfen, Beute zu täuschen oder gar anzulocken.

Eine wichtige Funktion von Farbe und Gestalt ist auch das gegenseitige Erkennen von Artgenossen, insbesondere wenn sich die Geschlechter zusammenfinden. Da zeigen sich auch die Unterschiede zwischen Männchen und Weibchen, für die hier der Hirschkäfer, der Nashornkäfer und die gebänderte Prachtlibelle als Beispiele genannt sein sollen, bei denen der Mensch Männchen und Weibchen zunächst für zwei verschiedene Arten halten könnte.

Unter den Farben sind es besonders die leuchtenden Gelb- und Rottöne, die nicht nur wir im Straßenverkehr als Warnfarben kennen, sondern die auch im Insektenreich, meist in Kombination mit Schwarz, warnen. Viele schwarz-gelbe oder schwarz-rote Insekten können stechen oder sondern Stoffe ab, die übel riechen, ätzen oder zumindest Fressfeinden den Appetit verderben. Man denke nur an Wespen, Marienkäfer oder Streifenwanzen.

»Spinnenameise«, »Bienenameise« oder »Ameisenwespe« nennt man wegen seinem ameisenähnlichen Aussehen das flügellose Weibchen der Wespe *Mutilla*. Seine Larven wachsen als Brutschmarotzer in den Erdnestern von Hummeln und Bienen heran.

Fressen und gefressen werden

Im Lauf ihrer Geschichte haben sich die Insekten eine ungeheure Vielfalt von Nahrungsquellen erschlossen und zahlreiche Insekten sind Nahrungsspezialisten mit sehr gut an eine bestimmte Nahrung angepassten Mundwerkzeugen.

Bei den **beißend-kauenden Mundwerkzeugen** schneiden die paarigen Ober- und Unterkiefer jeweils gegeneinander, halten die Nahrung fest,

Laufkäfer benutzen ihre großen, beißenden Mundwerkzeuge zum Ergreifen von Beute, die dann vor dem Mund durch Magensaft verflüssigt wird.

zerkleinern sie, und die Lippen führen sie zum Schlund. Sowohl Pflanzen fressende und in Holz bohrende, als auch räuberisch von anderen Insekten und Aas lebende Insekten haben solche Mundwerkzeuge, wobei sie an die spezielle Lebensweise in vielfältiger Weise angepasst sind. Beispiele beißendkauender Mundwerkzeuge finden wir u.a. bei Libellen, Käfern, Heuschrecken.

Die **leckend-saugenden Mundwerkzeuge** sind zur Aufnahme von flüssiger Nahrung geeignet, die aufgeleckt, aufgetupft oder aufgesaugt wird. Bei ihnen spielen entweder die verbreiterten Lippen eine wichtige Rolle, oder die Mundwerkzeuge sind insgesamt zu einem Saugrüssel umgeformt. Viele Blüten besuchende oder Säfte aufleckende Insekten haben solche Mundwerkzeuge, wobei festere Stoffe, wie z.B. Zucker, auch durch Speichel vor dem Mund verflüssigt werden können. Beispiele leckend-saugender Mundwerkzeuge finden wir u.a. bei Käfern, Fliegen, Schmetterlingen.

Stechend-saugende Mundwerkzeuge sind zur Nahrungsaufnahme pflanzlicher und tierischer Stoffe geeignet. Ihre komplizierte Konstruktion macht es möglich, u.a. durch die Rindenschicht tief in Pflanzengewebe einzudringen oder Fell/Gefieder und Haut eines Wirbeltieres zu durchdringen. Feine Sensoren helfen dabei, einzelne Gefäße im Gewebe zu finden. Bei einem solchen Stich kann vor und beim Saugen Speichel in das Gewebe eingespritzt werden, der durch seine Inhaltsstoffe verhindert, dass der Saftfluss z.B. durch Gerinnen

Die Honigbiene schlürft mit leckend-saugenden Mundwerkzeugen Nektar, die Wanze saugt mit stechend-saugenden Mundwerkzeugen ihr Opfer aus.

unterbrochen wird. Vielfach werden mit diesen Mundwerkzeugen Krankheitskeime in Pflanzen und Tiere übertragen. Beispiele von stechend-saugenden Mundwerkzeugen finden wir u.a. bei Wanzen, Zikaden, Stechmücken.
Bei etlichen Insektengruppen fressen allerdings nur die Larven, und die erwachsenen Insekten haben verkümmerte Mundwerkzeuge.

Aber Insekten fressen nicht nur, sie und ihre Larven werden auch gefressen. Nahezu jede Tiergruppe weiß die fett- und eiweißreichen Insekten als energiereiche Nahrung zu nutzen, und manche Insekten sind noch nicht einmal vor ihren Artgenossen sicher. Um den Fressfeinden zu entgehen oder um ihnen den Appetit zu verderben, haben Insekten die unterschiedlichsten Strategien entwickelt. So fügen sie sich in den vielfältigen Kreislauf der Natur ein, den es ohne sie nicht in seiner heutigen Form geben würde.

Das Bestimmen mit diesem Buch

Vorab ist zu sagen, dass die meisten Insekten recht klein sind. Trotzdem wurde versucht, zum Bestimmen jene Merkmale auszuwählen, die man gut mit bloßem Auge erkennen kann. Das heißt nicht, dass ein Vergrößerungsglas keine nützliche Hilfe bietet, und, wer Insekten häufiger und genau beobachten will, sollte deshalb stets eine Lupe bei sich führen. Ferner ist es hilfreich, wenn man das eine oder andere Glasröhrchen mitnimmt, weil man dann flüchtige Insekten – ohne sie zu beschädigen – vorübergehend einfangen und in Ruhe betrachten kann. Im Handel werden zu diesem Zweck inzwischen kleine Polystyrol-Behälter angeboten, in deren Deckel eine Lupe eingelassen ist und die man um den Hals hängen kann. Zum Bestimmen gehört auch das Beobachten von Insekten, das dem Naturfreund eine Welt im Kleinen eröffnet. Macht man sich über die Beobachtungen dann Notizen, in denen Zeit, Ort und die Lebensäußerungen der Tiere festgehalten sind, so kann man bei Insekten, wie bei allen anderen Tierbeobachtungen, seine Kenntnis der Natur in unterhaltsamer Weise erheblich bereichern und vertiefen.

Die Hauptgruppen

Der Bestimmungsteil dieses Buches ist in 12 Hauptgruppen unterteilt. Sie sind jeweils durch eine Leitfarbe und ein Symbol gekennzeichnet. Man sollte sich zunächst mit diesen Symbolen vertraut machen. Sie stehen in der so genannten Kolumne – der ersten Zeile oben auf jeder Seite – mit einem zugehörigen Begriff (z.B. Libellen). Möchte man ein unbekanntes Insekt bestimmen, ordnet man es zunächst einer Gruppe zu, um dann innerhalb der Gruppe weiter zu suchen.

Die meisten Gruppen umfassen Insekten, die man leicht zuordnen kann, wie z.B. Libellen, Käfer oder Heuschrecken. Bei anderen gibt es verwirrende äußerliche Ähnlichkeiten. So sind z.B. manche Fliegen wespenähnlich, manche Wanzen sehen aus wie Käfer, und die

Ameisenjungfer könnte man als Libelle ansehen. Ist man beim Bestimmen eines Insekts unsicher, so sollte man es noch einmal genau betrachten: Vielleicht hat dann die Wespe doch nicht 4, sondern 2 Flügel und entpuppt sich als eine Schwebfliege oder der Käfer hat ein großes, dreieckiges Schildchen und ist eine Wanze. Die Gruppe »Netzflügler und Ähnliche« ist eine Mischgruppe, in der man ebenfalls erfolgreich suchen kann.

Das Buch möchte es dem Benutzer leicht machen, Insekten »sicher« zu bestimmen. Das ist für die abgebildeten Arten möglich durch den 3er-Check. Zusätzliche Sicherheit geben dann die Einzelheiten der Merkmalsbeschreibung, die Angaben über das Vorkommen und schließlich die kurze Schilderung der Lebensweise. Letztere sollte auch die Grundlage für weitere Beobachtungen sein, soll Hinweise zu interessanten biologischen Verhältnissen und zu den Beziehungen einiger Insekten zum Menschen geben.

Jedes beschriebene Insekt ist gleichzeitig ein Musterbeispiel für die Merkmale seiner näheren Verwandten. So lässt z.B. die Beschreibung der Uferfliege erkennen, wie Uferfliegen überhaupt aussehen, da die Beschreibung neben spezifischen Merkmalen der Art auch die Gruppenmerkmale der Uferfliegen enthält. Bestimmt man also anhand des Fotos, des 3er-Checks und der Beschreibung z.B. eine Steinfliege und stellt dabei fest, dass einige Details (Farbe, Behaarung etc.) nicht ganz zutreffen, so hat man wahrscheinlich nicht die beschriebene, sondern eine andere Art der über 100 in Mitteleuropa heimischen Steinfliegen-Arten vor sich. Man kann dann aber wenigstens sicher sein, eine Steinfliege vor sich zu haben.

 Libellen: sehr schlank mit 4 großen, netzartig reich geäderten Flügeln. Sie haben einen Kopf mit großen Augen und einen langen, meist sehr schlanken Hinterleib. Die 4 durchscheinenden Flügel sind von etwa gleicher Größe und haben meist an der äußeren Vorderkante ein dunkles »Flügelmal«. Wird es

Bei manchen Libellenarten (hier Federlibellen) bleibt das Männchen auch nach der Paarung noch bei der Eiablage mit dem Weibchen verbunden. Beide bilden ein so genanntes »Tandem«.

von Adern durchzogen, spricht man von einem »Falschen Flügelmal«. Der Körper ist bei vielen Libellen bunt, wobei sowohl die Geschlechter als auch unterschiedlich alte Tiere verschieden gefärbt sein können.

Bei den so genannten Großlibellen stehen die Augen nah beieinander und die breiten Flügel werden in Ruhe seitlich ausgestreckt. Bei den so genannten Kleinlibellen stehen die Augen weit voneinander entfernt an den Kopfseiten, und die schlanken, gestielt erscheinenden Flügel werden in Ruhe über dem Rücken hochgeklappt.

Libellen leben räuberisch von anderen Insekten. Bei der Paarung heftet sich das Männchen mit dem Hinterleibsende im Nacken des Weibchens in einer je nach Art unterschiedlichen Weise fest. So entstehen eigenartige Figuren als »Tandem« oder »Rad«, die bei einigen Arten auch bei der Eiablage beibehalten werden. Man erkennt dann besonders gut, dass Männchen und Weibchen nicht selten unterschiedlich gefärbt sind.

Die Käfer sind weltweit die artenreichste Insektengruppe. Viele von ihnen fallen wie der Rosenkäfer durch ihre Schönheit auf.

 Käfer: schlank bis rundlich, meist mit hartem Chitinpanzer. Die Vorderflügel sind zu festen Flügeldecken umgewandelt unter denen geschützt die häutigen Hinterflügel liegen. Der Kopf besitzt beißend-kauende Mundwerkzeuge und gegliederte Fühler (Zählung von innen nach außen). Den Rumpf bedeckt ein kräftiges Halsschild. Die Flügeldecken stoßen über dem Rücken an einer Naht zusammen, an deren vorderen Ende ein sehr kleines Schildchen liegt. Bei manchen Arten sind die Flügeldecken und/oder Flügel reduziert. Neben unscheinbaren Farben und Formen gibt es eine Vielzahl von auffallenden Farbmustern und Formen, die das Bestimmen von Käfern erleichtern. Es gibt sowohl räuberisch lebende Käfer als auch Pilze, Pflanzen, Holz und Aas fressende. Bei Gefahr lassen sich viele Käfer mit angezogenen Beinen fallen und »stellen sich tot«.

Feuerwanzen leben gern gesellig und warnen mit schwarz-roter Färbung Fressfeinde vor ihrem üblen Geruch und Geschmack.

Wanzen: Käferähnliche Insekten mit mehrteiligen Flügeldecken und großem Schildchen. Die oft mit Käfern verwechselten Wanzen sind recht leicht zu erkennen. Ihr Kopf trägt zwei 4–5-gliedrige Fühler, meist große Augen und unterseits einen kräftigen Stech- und Saugrüssel. Mit diesem stechen sie Pflanzengewebe und andere Insekten an, um Zell- oder Körpersäfte zu saugen. Einige sind auch Blutsauger an Vögeln und Säugetieren. Auf den Kopf folgen nach hinten das Halsschild und das meist große, dreieckige Schildchen. An Halsschild und Schildchen schließen sich die Flügeldecken an, die aus je einem festeren, 2-teiligen Seitenteil (Corium mit Clavus) und einem feinen, hautartigen hinteren Abschnitt (Membran) bestehen. Corium und Clavus stoßen an Nähten aneinander, während sich die Membranen der beiden Flügeldecken überlappen. Unter den Flügeldecken liegen die schwach geaderten, hautartigen Hinterflügel. Wanzen haben Stinkdrüsen, aus denen sie bei Störung aromatische oder übel riechende Flüssigkeiten absondern.

Zikaden: Stromlinienförmige, gut springende und fliegende Insekten mit dachgiebelartig aufgestellten Flügeln. Kopf und Brust dieser Insekten schließen eng aneinander. Der Kopf hat nur winzige Fühler, große Augen und unterseits einen kurzen Saugrüssel. Hinter Halsschild und Schildchen folgen die 2 glasklaren oder farbigen, grob geaderten Flügelpaare. Sie werden in Ruhe dachartig aneinander gelegt, wobei die größeren Vorderflügel die kleineren Hinterflügel und den Hinterleib überdecken. Verkürzte Flügel kommen vor. Die Hinterbeine sind wirkungsvolle Sprungbeine. Zikaden saugen ausschließlich Pflanzensäfte. Die Männchen der so genannten »Singzikaden« geben schrille, für den Menschen deutlich hörbare Laute von sich. »Kleinzikaden« zirpen, für das menschliche Ohr unhörbar, in beiden Geschlechtern bei der Partnersuche.

Heuschrecken: Langgestreckte Insekten mit Sprungbeinen. Der gestreckte Körper ist seitlich etwas abgeplattet und dadurch im Querschnitt hoch-oval mit dachförmig nach hinten gerichteten Flügeln. Der Kopf sitzt eng an der Brust, trägt meist große Augen und bei den Langfühlerschrecken (= Laubheuschrecken und Grillen) sehr lange, fadenförmige Fühler, bei den Kurzfühlerschrecken (= Feldheuschrecken) kurze, kräftigere Fühler. Mit ihren beißend-kauenden Mundwerkzeugen fressen sie nicht nur Pflanzen, sondern häufig auch andere Insekten.

Bei den **Laubheuschrecken** haben die Weibchen für die Eiablage einen säbelartigen, langen Legebohrer, bei den **Feldheuschrecken** kurze, zangenartige Legeklappen. Auch der zirpende Gesang beider Gruppen ist verschieden. Die Laubheuschrecken »singen« vorwiegend in der Dämmerung und Nacht, indem sie die beiden Vorderflügel an der Basis aneinander reiben. Die Töne hören sie mit Organen, die an den Vorderschienen sitzen. Die Feldheuschrecken »singen« vorwiegend tagsüber, indem sie ihre Hinterschenkel an den Vorderflügeln reiben. Ihre Hörorgane befinden sich seitlich im vordersten Hinterleibsring. Bei manchen Heuschrecken sind die Flügel verkürzt. Viele Arten passen ihre Färbung der Umgebung an, aber einige sind auch bunt.

Grillen und Schaben: Walzenförmige oder flache Insekten mit Schwanzanhängen. Beide Gruppen sind zwar nur entfernt miteinander verwandt, haben aber einige äußere Merkmale gemeinsam. Dazu gehören die sehr langen, peitschartigen Fühler, die Schwanzanhänge (»Cerci«), der kräftige Körperbau sowie die flach über dem Rücken zusammengelegten Flügel. Grillen »singen«, indem sie die gezähnte Schrillkante eines Vorderflügels über eine Kante des anderen Flügels reiben. Schaben sind stumm.

Der Körper der **Grillen** ist rundlich walzenförmig mit großem Kopf, die Hinterbeine sind wie bei den nah verwandten Heuschrecken als Sprungbeine entwickelt. Zu den beißend-kauenden Mundwerkzeugen besitzen sie einen Tupfrüssel, können also pflanzliche, tierische und flüssige Nahrung aufnehmen. Der Körper der **Schaben** ist stark abgeflacht, schildförmig. Auch sie haben als Allesfresser beißend-kauende Mundwerkzeuge. Unter den Grillen und Schaben gibt es mehrere unbeliebte Kulturfolger.

Hummeln und Bienen: Kräftige Hautflügler, meist behaart. Die **Hummeln** haben eine gedrungene Körperform und sind meist pelzartig behaart. Die **Bienen** sind schlanker und bisweilen schwächer behaart. Bei beiden trägt der Kopf kräftige, häufig abgeknickte Fühler und große Augen. Die Flügel sind glasartig durchscheinend, die Vorderflügel größer als die Hinterflügel. Der deutlich gegliederte Hinterleib endet bei Weibchen und Arbeiterinnen in einen vom Legeapparat abgeleiteten Wehrstachel, der dementsprechend den Männchen fehlt. Bei beiden Gruppen gibt es unterschiedliche Formen von Sozialleben in »Völkern«. Die Hummeln und

Hummeln (hier Erdhum-meln) sind im Frühling die ersten Blütenbesucher. Nach der Begattung im Herbst überwintern nur die Königinnen.

Bienen haben sich parallel zu den Blütenpflanzen ent-wickelt und ernähren sich mit saugend-leckenden Mund-werkzeugen vor-wiegend von Nektar und Pollen. Viele Blütenpflanzen sind auf ihre Bestäubungsleistung ange-wiesen.

Wespen: Schlanke bis sehr schlanke, meist unbehaarte Hautflügler mit »Wespentaille«. Die Wespen sind selten behaart und haben – mit Ausnahme der Blatt- oder Pflanzenwespen – zwischen Brust und Hinterleib eine schmale, oft gestielte »Wespen-taille«. Großenteils falten sie im Ruhezustand die Flügel in Längsrichtung. An ihren beißend-kauenden Mundwerk-zeugen erkennt man, dass sie vorwiegend räuberisch leben, jedoch verschmähen sie auch Pflanzensäfte und Nektar nicht. Bei einigen Gruppen ist der Wehrstachel zu einem Legestachel umgeformt, der länger als der Körper sein kann. Mit ihm werden die Eier in andere Insekten oder deren Larven gelegt, wo die geschlüpften Larven dann parasitieren. Zahlreiche Arten spielen eine wichtige Rolle bei der biologischen Schädlingsbekämpfung.

Ameisen: Überwiegend flügellose kleine Insekten mit deutlich gegliedertem Körper. Soziale Insekten, die in unterschiedlich großen Kolo-nien (Nestern) zusammenleben. Nur die Geschlechtstiere haben zur Schwarmzeit Flügel; die Weibchen (Königinnen) werfen sie nach der Begattung ab, die Männchen sterben dann. Nester werden unter Steinen, in der Erde, in Bäumen und unterschiedlichen Hohlräumen angelegt. Von ihnen aus ziehen »Ameisenstraßen« zu den Nahrungsquellen, wo meist der von Blattläusen ausgeschiedene Zuckersaft auf-genommen wird. Tierische Kost wird aber ebenso gefressen, und die beißend-kauenden Mundwerkzeuge dienen auch zur Verteidigung. Alle Ameisen haben im Hinterleib Gift-drüsen und spritzen das Gift – meist Ameisensäure – gegen Angreifer oder durch Krümmen des Hinterleibs in Bisswun-den. Bei manchen Ameisen-Gruppen ist sogar ein Stachel-apparat mit einem wirkungsvollen Giftstachel entwickelt.

Netzflügler und Ähnliche: Insekten mit 4 großen, eng geaderten Flügeln. Zwar gehören die in dieser Gruppe zusammengefassten Insekten unterschiedlichen Ordnungen an, aber sie haben äußerlich viele Gemeinsamkeiten. Stets haben sie 4 relativ große, meist durchscheinende oder bräunliche Flügel mit deutlichen Adern. Die Flügel werden in der Ruhe dachförmig oder steil über dem Rücken aneinandergelegt. Die Fühler sind zwar sehr unterschiedlich, aber stets lang und bei einigen Arten keulenförmig. Mehrere Insekten dieser Gruppe findet man in Wassernähe, andere an trockenen Standorten.

 Fliegen und Mücken: Sie haben 2 Vorderflügel, aber keine Hinterflügel. Die Hinterflügel sind zu kleinen »Schwingkölbchen« (»Halteren«) umgebildet. Diese bewegen sich rhythmisch im Gegensinn zu den Flügeln und sind wichtig für deren Steuerung. **Fliegen** haben meist einen kräftigen Körperbau und recht große Augen. Ihre Fühler sind klein, die Mundwerkzeuge leckend-saugend oder stechend-saugend; teils wirken auch die Lippen noch schneidend mit. Dementsprechend kann nur flüssige oder verflüssigte Nahrung aufgenommen werden. Einige Gruppen sind auf Blutnahrung spezialisiert, andere leben z.B. von Nektar. Vielfach nehmen auch ausgewachsene Fliegen und Mücken keine Nahrung zu sich.

Die **Mücken** sind von zartem, feingliedrigem Körperbau und haben meist fadenförmige Fühler. Ihre Mundwerkzeuge sind entweder verkümmert oder stechend-saugend. Beim Saugen werden mit dem Speichel gerinnungshemmende Stoffe in die Wunde eingespritzt, die das Gewebe reizen (Juckreiz). Durch den Stich von Mücken und Fliegen können Krankheitserreger (Malaria, Fleckfieber, Schlafkrankheit etc.) auf das Opfer übertragen werden; Fliegen übertragen auch mit ihren Füßen Keime auf Nahrungsmittel und in Wunden.

Bei den Zweiflüglern, hier eine Kohlschnake sind aus den Hinterflügeln die Schwingkölbchen entstanden; sie helfen, im Flug den Körper stabil zu halten.

Ur-Insekten und Pflanzenläuse: Sehr kleine weichhäutige Insekten. Sie sind häufig flügellos und lassen sich erst mit der Lupe genauer bestimmen.

Larven: Noch nicht fertig entwickelte Insekten. Sie sehen entweder dem fertigen Insekt (der Imago) bereits ähnlich, sind jedoch kleiner als dieses und haben noch keine vollständig entwickelten Flügel (z.B. bei Heuschrecken, Wanzen). Oder sie haben keinerlei Ähnlichkeit mit dem fertigen Insekt, dessen Gestalt sie erst nach der letzten Häutung oder einer Puppenruhe annehmen (z.B. bei Libellen, Käfern, Fliegen). Die unterschiedlichen Entwicklungswege sind auf S. 12–13 geschildert. Oft kann man erst durch Zucht herausfinden, zu welchem Insekt sich eine Larve entwickelt. Im Hinblick auf die unterschiedlichen Lebensräume sind die im Wasser lebenden Larven von den landlebenden im Bildteil getrennt.

 Larven im Wasser haben meist Kiemen oder müssen zum Atmen an die Wasseroberfläche kommen. Sie leben teils im Bodenschlamm versteckt, teils zwischen Wasserpflanzen oder auch frei im Wasser. In einem Aquarium lassen sie sich gut beobachten und zur Entwicklung bringen.

 Larven an Land sind an den verschiedensten Orten zu finden, sei es auf Pflanzen, an Nahrungsmitteln, an Aas, am oder im Boden. Kennt man ihre Nahrung, so kann man auch sie leicht züchten. Man muss allerdings beachten, dass die Larven vieler räuberischer Insekten sich auch gegenseitig als Beute betrachten und auffressen.

 Gallen: »Fremdartige« Gebilde an Pflanzen. Linsenförmige bis kugelige, mitunter auch haarige Gebilde auf Blättern, an Zweigen und Wurzeln verschiedenster Pflanzen. Sie werden u.a. durch Gallmücken, Fliegen, Gallwespen und Käfer hervorgerufen. Mit besonders geformten, abnormen Gewebe-Wucherungen, eben den »Gallen«, reagieren Pflanzen auf den bei der Eiablage verursachten Einstich, das Ei und die Larve bestimmter Insekten. Die Form der Galle wird dabei von der Art des verursachenden Insekts bestimmt. In den Gallen wachsen die Insektenlarven heran und ernähren sich von deren Gewebe.

Bestimmungshilfe 3er-Check

Wenn man ein unbekanntes Insekt sieht und im Bestimmen keine Übung hat, können die vielen Merkmale, die jede Art kennzeichnen und in den Bestimmungs-

Gallwespen wie die Eichengallwespe (*Cynips quercusfolii*) sind winzig, veranlassen jedoch Pflanzen zur Bildung großer Galläpfel (s. S. 231).

büchern wiedergegeben werden, vielleicht verwirren. Jeder Kenner wird aber bestätigen, dass viele Arten anhand ganz weniger, nur für sie zutreffender Merkmale leicht zu identifizieren sind. Es ist nur wichtig zu wissen, worauf man achten muss. An dieser Stelle setzt nun der 3er-Check an.

Jedes Insekt kann durch eine einmalige Kombination von maximal 3 Merkmalen von jeder anderen Art innerhalb der entsprechenden Gruppe unterschieden werden.

Jede Textaussage wird in einem Bild illustriert, sodass auch der Anfänger keine Probleme hat zu erkennen, worauf er achten muss. Wenn alle Angaben des 3er-Checks zutreffen, kann man sicher sein, dass es sich um die betreffende Art handelt. Wenige Arten sind so ungewöhnlich, dass sie schon durch die Kombination von 2 Merkmalen unverwechselbar gekennzeichnet sind, etwa die Blauflügel-Prachtlibelle oder der Augenmarienkäfer. In solchen Fällen gibt es einen »2er-Check«.

Ergänzende Angaben im Text

Bei allen Arten ist der dem 3er-Check folgende Text in gleicher Weise in Stichwörter gegliedert, sodass man sich nicht nur schnell zurechtfinden kann, sondern auch unmittelbare Vergleiche mit anderen Arten erleichtert werden.

Die Artbeschreibungen nennen neben deutschem und wissenschaftlichem Namen auch den Gefährdungsgrad gemäß der Roten Liste für Deutschland (1998), falls die Art dort verzeichnet ist. Es bedeutet: RL 1 = Vom Aussterben bedroht, RL 2 = stark gefährdet, RL 3 = gefährdet, RL 4 = potenziell gefährdet, RL V = Art der Vorwarnliste, RL G = Gefährdung anzunehmen, aber Status unbekannt. Die in Deutschland nach dem Bundesnaturschutzgesetz geschützten Arten sind mit »§« gekennzeichnet. Einige große Gruppen (u.a. Hummeln, Bienen, Libellen) sind insgesamt mit allen Entwicklungsstadien in das Gesetz aufgenommen, einschließlich der häufigen Arten.

Unter dem Stichwort **Merkmale** sind die genauen Größenangaben und zahlreiche zusätzliche Kennzeichen aufgeführt. Dazu gehören auch die bei manchen Arten recht großen Geschlechtsunterschiede.

Unter dem Stichwort **Vorkommen** werden kurz Anhaltspunkte zur Verbreitung, Häufigkeit und den bevorzugten Lebensräumen gegeben. Alle Arten sind in Mitteleuropa zu finden, einige allerdings nur in jenen Regionen, in denen bestimmte Ansprüche an Klima, Untergrund, Nahrung und räumliche Gegebenheiten erfüllt sind.

Unter dem Stichwort **Lebensweise** sind dann in kurzer Form Hinweise auf die jeweiligen biologischen Besonderheiten, auf Nahrung, Eiablage, Brutpflege, Larven-Entwicklung, gegebenenfalls Verpuppung, Überwinterung und Beziehungen zum Menschen und seiner Umwelt zusammengefasst. Diese Angaben sollten zugleich eine Grundlage für das Beobachten von Insekten sein, denn erst die Lebensäußerungen eines Tieres machen es interessant und helfen, seine Bedeutung für unserer Umwelt zu verstehen.

In der **Monatsleiste** sind die Monate markiert, in denen die erwachsenen Insekten (Imagines) zu finden sind. Zeiten eines Winterschlafs oder einer Sommerruhe der Tiere sind ebensowenig berücksichtigt wie die Zeit der Larven-Entwicklung. Die Monatsleiste kann nur einen groben Rahmen geben, denn je nach geographischer Lage und Höhe eines Ortes sind die klimatischen Verhältnisse in Mitteleuropa sehr verschieden. Dementsprechend erscheinen und entwickeln sich auch die meisten Insekten nicht nach dem Kalender, sondern nach den Signalen, die sie aus ihrer Umwelt wahrnehmen. So, wie der Einzug des Frühlings jedes Jahr anders erfolgt und außerdem regional mit einer Spanne von Tagen oder Wochen verschoben ist, so ist auch das Auftreten von Insekten je nach Gegend und Jahr verschieden.

Artenschutz

Die Artenvielfalt – Biodiversität – ist durch die ständig zunehmende Nutzung und rücksichtslose Ausnutzung der Natur in beängstigendem Rückgang. Dabei ist die Vielfalt der Arten die notwendige Grundlage jenes ökologischen Netzwerkes, in dem sich auch der Mensch entwickelt hat und das den Fortbestand seiner Art sichert. In diesem Netzwerk spielen die Insekten eine große Rolle, indem sie viele Stoffe abbauen und andere dafür erzeugen, indem sie helfen, Gleichgewichte in der Natur stabil zu halten, indem sie als Glieder in Nahrungsketten das Überleben anderer Glieder sichern.

Spricht man bei Insekten von Artenschutz, so bezieht man sich nicht auf das einzelne Tier, sondern die lebensfähige und überlebensfähige Population, d.h. die Gesamtheit von Tieren einer Art in einem Lebensraum, die zusammengenommen den Fortbestand dieser Art über Generationen hin sicherstellen. Das können sie allerdings nur, wenn ihr Lebensraum eine ausreichende Größe und, in Bezug auf Nahrung und Umwelt, hinreichend beständige Lebensbedingungen bietet. Je mehr der Mensch die natürlichen Lebensräume für seine Zivilisation beansprucht und verändert, umso mehr verändert und zerstört er die Lebensgrundlage der (noch) vorhandenen Populationen. Indem er Populationen den Lebensraum zu stark einschränkt oder nimmt, trägt er zum Aussterben der Art bei. Zugleich bedroht er den Bestand anderer Arten, denn auch beim Aussterben gibt es einen Dominoeffekt, wirft ein kippender Stein den nächsten um.

Gerade bei den Insekten ist für ihr Verschwinden meist nicht nur der direkte Einfluss des Menschen auf den Fortbestand einer Art (z.B. durch Insektizide) verantwortlich. Vielmehr findet eine indirekte Vernichtung statt, die im Zerstören von Lebensräumen und im Verändern bzw. Auslöschen von Pflanzengesellschaften durch »Kultivierung« oder Herbizide begründet ist. Wenn Insekten verschwinden, zerbricht ein Glied in der Nahrungskette, und nicht nur für Singvögel, Fleder- und Spitzmäuse ist das mit schwer wiegenden Folgen verbunden, sondern auch für zahlreiche andere Tiergruppen.

Artenschutz muss deshalb Lebensraumschutz, »Biotopschutz« sein, der zugleich ein Teil des Umweltschutzes ist. Jeder, der diesen ernst nimmt, leistet einen Beitrag zur Artenvielfalt. Man sollte darauf achten, dass nicht überall der Boden durch Beton und Asphalt versiegelt wird, denn man schottet ihn auf diese Weise nicht nur vom natürlichen Wasserkreislauf ab, sondern nimmt auch vielen Insekten die Versteck- und Überwinterungsmöglichkeiten. Man sollte auf Pflanzenvielfalt achten und keine Monokulturen anlegen, denn unterschiedliche Pflanzen sind die Heimstatt unterschiedlicher Insekten. Man sollte »Unkräuter« dort, wo sie nicht stören, stehen lassen, denn sie ernähren und schützen manche selten gewordene Insekten-Art. Man sollte Unkrautvernichter überhaupt nicht und Schädlingsbekämpfungsmittel erst dann einsetzen, wenn sichergestellt ist, dass die Schädlinge nicht von Nützlingen bewältigt werden. Ohnehin sollte Schädlingsbekämpfung nur gezielt und richtig dosiert erfolgen. Abfälle, Chemikalien, Unrat gehören sachgemäß entsorgt, denn in der Natur können sie langfristig Boden und Gewässer so verseuchen, dass die Vielfalt des Lebens in Monotonie umschlägt.

Wenn Insekten in ihrem Bestand durch den Menschen gefährdet sind, die Vielfalt zurückgeht und viele Arten verschwunden, teils sogar schon ausgestorben sind, dann liegt das daran, dass es kaum noch ungestörte Bereiche in der Natur gibt, dass Pflanzen und Tieren der Lebensraum und die wichtigsten Lebensbedingungen eingeschränkt oder genommen werden. Durch zahlreiche Gesetze und Verordnungen sind international, national sowie durch die einzelnen Bundesländer Insekten in den Natur- und Artenschutz einbezogen. Auch verbietet das Bundesnaturschutzgesetz »wild lebende Tiere mutwillig zu beunruhigen oder ohne vernünftigen Grund zu fangen, zu verletzen oder zu töten« sowie »Lebensstätten wild lebender Tiere und Pflanzen zu beeinträchtigen oder zu zerstören«.

Die sicherste Schutzmaßnahme bleibt jedoch einsichtiges Handeln, das auf Wissen um und Verständnis für die Tier- und Pflanzenwelt beruht. Zu diesem Wissen und Verständnis soll auch mit diesem Buch ein Beitrag geleistet werden, nach dem Motto, dass Artenschutz nicht ohne Artenkenntnis möglich ist.

Hirschkäfer benutzen zur Paarungszeit ihre mächtigen, geweihartigen Zangen dazu, Konkurrenten im Kampf weg zu drängen. Die Art ist im Bestand gefährdet.

Königslibelle *Anax imperator* §

1 Hinterleib blau, mit gezackten, dunklen Längsstreifen (Männchen)

2 Kopf mit hellblauem Querstrich und 5-eckiger, schwarzer Zeichnung

3 Hinterleib beim Weibchen blaugrün bis gelblich

3er-Check

Merkmale: Körperlänge 70–80 mm, Flügelspannbreite 95–110 mm. Die Flügel sind beim Männchen farblos, beim Weibchen oft gelblich und tragen ein braunes Flügelmal. Die Hinterflügel sind am Ansatz gerundet, etwas breiter als die Vorderflügel. Am Kopf erkennt man hinten eine schwarze, 5-eckige Zeichnung und auf der Stirn einen hellblauen Querstrich. Die Augen schillern grünblau bis gelbgrün, die Brust ist hell olivgrün. Der beim Männchen blaue, beim Weibchen blaugrüne Körper ist auf dem Rücken und an den Seiten mit gezackten, rotbraunen bis schwarzen Längsstreifen gezeichnet.

Vorkommen: Weit verbreitet; Wärme liebend und nicht selten an vielen Gewässern, über Waldwegen, Wiesen und Gärten.

Lebensweise: Königslibellen sind die besten Flieger unter allen Libellen und können stundenlang ohne Unterbrechung in der Luft jagen. Die Eier werden in Pflanzenmaterial abgelegt, das auf der Wasseroberfläche treibt. Die Larven (S. 226) entwickeln sich innerhalb eines Jahres und verlassen ab Mitte Juni nachts das Wasser. An Baumstämmen steigen sie bisweilen mehrere Meter hoch. Die Libelle lebt nur wenige Wochen.

J	F	M	A	M	J	J	A	S	O	N	D

§   *Aeshna cyanea*   # Mosaikjungfer

1 Körper dunkelbraun bis schwarz, grün gefleckt (hier Männchen)

2 Brust braun mit 2 breiten, grünen Streifen

3 Stirn mit schwarzem, T-förmigem Fleck

3er-Check

Merkmale: Körperlänge 65–80 mm, Flügelspannweite 95–110 mm. Die Flügel sind farblos, beim Weibchen bisweilen zart graubraun und haben weißliche Flügelmale. Die Stirn trägt von oben gesehen einen schwarzen Fleck in Form eines T. Die Brust ist braun mit 2 breiten, spitz zulaufenden grünen Streifen. Das Männchen hat blaugrüne Augen und einen schwarzen Hinterleib mit grünen Mittelflecken und blauen Seiten. Auf den letzten 3 Segmenten sind alle Flecken blau. Beim Weibchen ist der Hinterleib dunkel rotbraun mit grünen Flecken.

Vorkommen: Weit verbreitet und als häufigste Großlibelle fast überall an Gräben, Tümpeln, Teichen und Seen zu finden.

Lebensweise: Die Männchen sind an Gewässern viel unterwegs, wobei sie ständig den Ort wechseln. Die Weibchen fliegen am Abend gern weitab von Gewässern auch in Dörfern und Städten. Sie legen ihre Eier, die dann überwintern, in totes und faulendes Pflanzenmaterial nahe am Ufer. Die Larve lebt in lehmigen Tümpeln zwischen Wasserpflanzen und überwintert ebenfalls, sodass die Libellen erst im dritten Sommer erscheinen.

J	F	M	A	M	J	J	A	S	O	N	D

Keiljungfer *Gomphus pulchellus* RL V, §

3er-Check

1 Groß, schwarz und gelb gezeichnet

2 Augen um eine halbe Augenbreite getrennt

3 Beine und Brust gelb(grün), mit schwarzen Streifen

Merkmale: Körperlänge 45–50 mm, Flügelspannweite 60–70 mm. Die farblosen Hinterflügel sind beim Männchen hinten eckig ausgeschnitten, beim Weibchen gerundet. Beim Männchen ragen Fortsätze des 2. Hinterleibsringes, die »Öhrchen« in die Lücke. Die blaugrauen Augen stoßen in der Kopfmitte nicht wie bei anderen Großlibellen aneinander, sondern sind getrennt. Die Brust ist gelbgrün, mit sehr schmalen schwarzen Streifen, und auch die gelben Beine sind schwarz gestreift. Der Hinterleib ist an den Seiten gelb und trägt oben ein schwarzes Band mit gelben Flecken.

Vorkommen: Die Flussjungfern, zu denen die Keiljungfer gehört, sind vorwiegend an Flüsse, Kanäle und große Seen mit sandigem Grund gebunden. Keine der 6 mitteleuropäischen Arten ist häufig und alle haben eine Entwicklungsdauer von 3–4 Jahren.

Lebensweise: Die Weibchen legen die Eier frei in fließenden Gewässern und Seen ab. Die Larven sind dicht behaart und haben einen breiten, lang-ovalen, abgeplatteten Hinterleib. Mit ihren stark behaarten Grabbeinen wühlen sie sich in Sand oder Schlamm ein. Die Libellen halten sich meist fern von ihren Heimatgewässern auf Waldwegen und Lichtungen auf.

J	F	M	A	M	J	J	A	S	O	N	D

§   *Orthetrum cancellatum*   **Großer Blaupfeil**

3er-Check

1 Groß, Hinterleib des Männchens blau, Hinterleibsende schwarz

2 Brust braun

3 Hinterleib des Weibchens gelb und schwarz

Merkmale: Körperlänge 45–50 mm, Flügelspannweite 75–90 mm. Die Flügel sind an ihrer Ansatzstelle häufig gelb gefärbt, die Beine schwarz. Die Brust ist behaart, grünlich, gelblich bis dunkel olivbraun. Die Weibchen haben einen düster gelbbraunen Hinterleib mit 2 breiten, parallelen, schwarzen Längsstreifen. Der Hinterleib der Männchen ist, wie die Brust, dunkel olivbraun gefärbt und sowohl auf der Ober- als auch auf der Unterseite blau bis blaugrau bereift. Die Anhänge des Hinterleibs sind braun bis gelb.

Vorkommen: Häufig und weit verbreitet; an größeren Teichen und Seen, Fischteichen und Kiesgruben mit offenen Uferstreifen.

Lebensweise: Die Larven leben, schwer erkennbar und mit Schlamm verkrustet, in stehendem oder schwach bewegtem Wasser von Seen und Teichen in der Nähe des Ufers. Sie bevorzugen schlammige Stellen zwischen Schilf und anderem Pflanzenwuchs, wo sie in Mulden und Vertiefungen und auch eingegraben im weichen Untergrund Schutz finden. Die Libellen sitzen gerne auf sandigkiesigem Boden im freien Strandbereich und am Rand von Röhricht. Jagend sieht man sie an sonnigen Feld- und Waldwegen und auf Sträuchern in größerer Entfernung von Gewässern.

J	F	M	A	M	J	J	A	S	O	N	D

Plattbauch *Libellula depressa* §

2 1

3er-Check

1 Hinterleib stark abgeplattet, breit (hier Männchen)

2 Flügel an der Basis mit dunklem Fleck

3 Gelbe, halbmondförmige Flecke am Hinterleib (hier Weibchen)

Merkmale: Körperlänge 40–45 mm, Flügelspannweite 70–80 mm. Die Flügel haben an ihrer Ansatzstelle einen schwarzbraunen Fleck, in dessen Bereich die Adern gelb sind. Die Brust ist olivbraun, dicht behaart und hat oberseits 2 dunkel eingefasste, hellgrüne bis hellgelbe Flecke. Der 6–8 mm breite Hinterleib ist stark abgeplattet (Name!) und trägt an den schwarzen Seitenkanten leuchtend gelbe, halbmondförmige Flecke. Er ist olivbraun und bei älteren Männchen blau bereift.

Vorkommen: Sehr weit verbreitet und nicht selten; besonders an stehenden Gewässern mit wenig Pflanzenwuchs wie lehmigen Tümpeln, Sand- und Kiesgruben mit klarem Wasser.

Lebensweise: Die plump wirkenden, kurzen und stets schlammverkrusteten Larven benötigen einen weichen Untergrund, in den sie sich eingraben können. Getarnt und versteckt lauern sie dort auf Beute. Zeitweiliges Austrocknen ihres Wohngewässers überdauern sie wochen- und monatelang im Bodenschlamm. Sie überwintern zweimal und schlüpfen meist in den Morgenstunden. Die Libellen sitzen gern auf erhöhten Plätzen am Wasser und vagabundieren über große Entfernungen.

J	F	M	A	M	J	J	A	S	O	N	D

§   *Libellula quadrimaculata* **Vierfleck**

1 Groß, mit breitem Hinterleib

2 Je 2 dunkle Flecke auf den Vorder- und Hinterflügeln

3 Gelbe Streifen an den Seiten des Hinterleibs

3er-Check

Merkmale: Körperlänge 40–50 mm, Flügelspannweite 70–85 mm. Unverwechselbar durch die 2 dunklen Flecke auf jedem Flügel, die unterschiedlich groß sein können. Die Hinterflügel sind am Ansatz schwarz, mit gelblichen Adern. Die Augen sind oben braun, unten olivgrün; die behaarte Brust ist olivbraun, seitlich graugelb mit breiten, schwarzen Seitennähten. Der vorn olivbraune, hinten schwarze Hinterleib trägt im mittleren Bereich seitlich schwarze Flecke.

Vorkommen: Sehr weit verbreitet und häufig; an allen stehenden Gewässern, aber auch entfernt von diesen.

Lebensweise: Die Larven sind kurz und breit und leben am Grund von ruhigen, dauerhaften Gewässern, bis hin zu Torftümpeln. Sie tarnen sich nach jeder Häutung mit Bodenmaterial. Zur Entwicklung benötigen sie, je nach Wassertemperatur, 1–3 Jahre. Die Libellen halten sich an pflanzenreichen, stehenden Gewässern auf, wo sie von einer Sitzwarte aus vorbeifliegende Insekten jagen. In manchen Jahren bildet bei Massenentwicklung diese Libellenart Wanderschwärme, denen sich auch andere Libellen anschließen.

| J | F | M | A | M | J | J | A | S | O | N | D |

Gewöhnliche Heidelibelle

Sympetrum vulgatum

§

1 Groß, mit gelbbraunem bis karmin-
rotem Hinterleib (Männchen)

2 Beine schwarz mit gelben Streifen

3 Weibchen graubraun mit rötlichen
Tönen

3er-Check

Merkmale: Körperlänge 35-40 mm, Flügelspannweite 55-65 mm.
Die Flügel sind ungefleckt, aber an der Wurzel rot, ebenso die vorderen Flügeladern. Die oberseits dunkelrote Brust ist in der Mitte
und an den Seiten heller rot oder gelblich. Beine schwarz, außen
gelb gestreift. Der Hinterleib des Männchens ist hell karminrot,
der des Weibchens braun bis rötlich mit schwarzer Seitenkante
und schwarzer Linie auf dem Rücken. Die Legeröhre des Weibchens ist wie ein stehendes Dreieck senkrecht vom Hinterleibsende nach unten abgeknickt.

Vorkommen: An stehenden und langsam fließenden, pflanzenreichen Gewässern aller Art, mit Vorliebe für torfige Gewässer.
Gehört zu den häufigsten Libellen des Hochsommers.

Lebensweise: Die Eier werden bis Ende Oktober in flachem Wasser
oder in Gewässernähe auf feuchtem Boden abgelegt. Von dort müssen sie durch Regen oder Überschwemmungen rechtzeitig vor den
ersten Frösten ins Wasser gelangen. Im Frühjahr entwickeln sich
die Larven aller Heidelibellen – es gibt in Mitteleuropa 9 Arten –
binnen 2-3 Monaten. Ab Mitte Juli fliegen dann die Libellen meist
in unmittelbarer Gewässernähe.

J	F	M	A	M	J	J	A	S	O	N	D

§ *Sympetrum sanguineum* **Blutrote Heidelibelle**

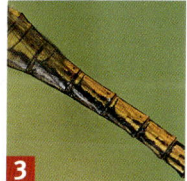

3er-Check

1 Groß, Hinterleib blutrot, mit feinen schwarzen Seitenkanten (Männchen)

2 Beine schwarz

3 Hinterleib des Weibchens ocker- bis rotbraun, blaugrau bestäubt

Merkmale: Körperlänge 35–40 mm, Flügelspannweite 50–60 mm. Die Flügel sind durchsichtig, mit orangem Fleck an der Wurzel. Die Brust ist düster braunrot mit goldener Tönung und schwarzer Zeichnung. Beine schwarz. Der Hinterleib des Männchens ist spindelförmig verbreitert, blutrot gefärbt, mit feiner schwarzer Rückenlinie auf den letzten Segmenten. Das Weibchen hat eine oben braune bis rötliche, seitlich gelbliche, schwarz gezeichnete Brust; sein Hinterleib ist im Querschnitt zylindrisch, gelblich bis rotbraun und seitlich schwach blau bestäubt. Die Legeröhre liegt dicht dem Hinterleib an.

Vorkommen: An stehenden und langsam fließenden, pflanzenreichen Gewässern jeder Art und Größe. Sehr weit verbreitet; im Hochsommer häufig.

Lebensweise: Die Libelle ist sehr lebhaft und scheu. Sie liebt Wärme und sitzt gern auf den Spitzen trockener Zweige, Halme und Schilfrohre, wobei sie die Flügel neben dem Körper weit nach unten senkt. Ihre Eier legt sie außerhalb des Wassers auf festem, feuchtem Boden im Überschwemmungsgebiet ab. Ei oder Larve überwintert. Die Larve lebt frei zwischen Wasserpflanzen.

J	F	M	A	M	J	J	A	S	O	N	D

Smaragdlibelle *Cordulia aenea* RL V, §

1 Kopf, Brust und Hinterleib einheitlich metallisch grün (hier Männchen)

2 Augen smaragdgrün

3 Brust gelblich behaart

3er-Check

Merkmale: Körperlänge 50–55 mm, Flügelspannweite 65–75 mm. Die Flügel sind an der Basis oft gelblich und haben ein dunkles Flügelmal; die Hinterflügel des Männchens sind hinten ausgeschnitten. Kopf metallisch grün, mit einfarbig smaragdgrünen Augen. Brust und Hinterleib sind einheitlich metallisch grün gefärbt, im Alter auch kupferfarben bis schwarz. Die Brust ist rötlich bis bräunlichgelb behaart, die Beine sind lang. Der Hinterleib des Männchens hat im vorderen Bereich zwei »Öhrchen« und ist hinten zu einer Keule verdickt. Der Hinterleib des Weibchens ist zylindrisch.

Vorkommen: Häufig an stehenden Gewässern aller Art; bis zur Baumgrenze, nach Norden seltener werdend.

Lebensweise: Die Eier werden in Tümpeln und Teichen im freien, flachen Wasser abgelegt. Die Larven leben am Grund und überwintern 2–3-mal. Sie sind kurz, mit breitem, flachem Hinterleib und haben sehr lange Beine. Die Libellen fliegen sehr rasch und elegant. Sie jagen auch bei bedecktem Himmel und in der Dämmerung, oft fern von Gewässern an Gebüschen, Waldrändern und auf Waldschneisen.

J	F	M	A	M	J	J	A	S	O	N	D

§   *Pyrrhosoma nymphula*   **Adonislibelle**

1

2

3

1 Körper blutrot, mit feinen schwarzen Ringen

2 Die letzten 3 Segmente oberseits schwarz gezeichnet

3 Flügel dunkel geadert

3er-Check

Merkmale: Körperlänge ca. 35 mm, Flügelspannweite ca. 45 mm. Flügel dunkel geadert, mit dunklem Flügelmal. Kopf schwarz, Augen oben braunrot und gelb, Brust schwarz mit einer roten Längsbinde an jeder Seite. Körper blutrot, mit feinen schwarzen Ringen an den Enden der Segmente. Die letzten 3 Segmente sind beim Männchen auch oberseits schwarz; beim Weibchen ist die schwarze Zeichnung des Körpers ausgedehnter als beim Männchen.

Vorkommen: Pflanzenreiche, stehende und langsam fließende Gewässer und der Randbereich von Mooren. Die Adonislibelle ist weit verbreitet und meist häufig; in den Mittelgebirgen bis in ca. 800 m Höhe zu finden.

Lebensweise: Die Larven leben im Schlamm von Teichen und in bewegterem Wasser ungeschützt zwischen Wasserpflanzen. Sie überwintern in ausgewachsenem Zustand, was es der Libelle ermöglicht, sehr früh im Jahr zu erscheinen. Nach der Paarung steigt das Weibchen häufig alleine an einem Pflanzenstängel bis zu 15 cm tief ins Wasser, wo es seine Eier in Schlangenlinien in Wasserpflanzen legt.

J	F	M	A	M	J	J	A	S	O	N	D

Federjungfer *Platycnemis pennipes* §

2 **1**

1 Körper hellblau (Männchen) oder ocker (Weibchen)

2 Mittel- und Hinterbeine verbreitert, mit langen Dornen

3 Hinterleib mit paariger schwarzer Zeichnung

3er-Check

3

Merkmale: Körperlänge ca. 35 mm, Flügelspannweite ca. 45 mm. Die durchsichtigen Flügel haben relativ große, quadratische Flügelfelder und ein dunkles Flügelmal. Der Körper des Männchens ist blass- bis milchigblau, der des Weibchens hell ockerfarben. Am dunklen Kopf sitzen blaue Augen, die am Vorder- und Hinterrand je eine blass- bis hellblaue Querlinie besitzen. Die blassblauen Beine haben an den Schenkeln außen einen schwarzen Längsstreif. Die Mittel- und Hinterbeine zeigen ein weiteres auffallendes Merkmal: Ihre verbreiterten und abgeplatteten Schienen sind an den Rändern mit sehr langen Dornen besetzt und sehen einer kleinen Feder ähnlich (Name!). Der Hinterleib hat eine schwarze Längszeichnung, die in der Mitte und am letzten Hinterleibsring verbreitert ist.

Vorkommen: An langsam fließenden Gewässern und an Seen nicht selten, besonders im Tiefland.

Lebensweise: Die Larven leben am Boden im Schlamm, bei fließendem Wasser auch frei zwischen den Wasserpflanzen. Sie überwintern am Gewässerboden und steigen zum Schlüpfen im späten Frühjahr an Wasserpflanzen empor.

J	F	M	A	M	J	J	A	S	O	N	D

§   *Ischnura elegans*   **Große Pechlibelle**

3er-Check

1 Hinterleib oben pechschwarz, am Hinterende blaues 5eigment

2 Kopf schwarz, mit kreisrundem, hellem Fleck neben jedem Auge

3 Brust mit schwarzem Mittelstreif

Merkmale: Körperlänge ca. 30 mm, Flügelspannweite 35–40 mm. Flügelmale von Vorder- und Hinterflügel gleich groß, am Vorderflügel des Männchens innen schwarz und außen weiß. Der Kopf ist schwarz und trägt neben jedem Auge einen kreisrunden, hellen Fleck, dessen Farbe mit der Grundfarbe des Körpers übereinstimmt. Diese ist blassviolett, bei älteren Tieren grünblau und bei manchen Weibchen braun, grau bis orange getönt. Auf der Brust befinden sich 1 breiter schwarzer Mittelstreifen und meist 2 schmälere Seitenstreifen.

Vorkommen: An stehenden und langsam fließenden Gewässern mit sonnigen Uferpartien; recht häufig und auch an vielen Gartenteichen zu beobachten.

Lebensweise: Die Eier werden an im Wasser treibende Pflanzen abgelegt. Die Larven leben zwischen Wasserpflanzen der Uferzone, überwintern und verwandeln sich im Folgejahr. Man findet sie sogar im Brackwasser. Sie sind schlank und haben am Körperende 3 lange Anhänge (»Ruderblättchen«), wie die Larven aller Schlanklibellen (S. 226). Die Libellen rasten gern – flach an ihre Unterlage angedrückt – im Schilf und auf Uferpflanzen.

| J | F | M | A | M | J | J | A | S | O | N | D |

Binsenjungfer *Lestes sponsa* §

2 1

1 Körper metallisch dunkelgrün (Männchen) oder kupferfarben (Weibchen)

2 Flügel schmal, farblos, mit quadratischen Feldern

3 Beine des Männchens schwarz

3er-Check

3

Merkmale: Körperlänge ca. 35 mm, Flügelspannweite 35–45 mm. Die Flügel sind schmal, farblos und tragen nahe dem Vorderende ein dunkles Flügelmal. Die Adern teilen sie in kleine, quadratische Felder auf. Der Körper ist dünn, stabförmig. Beim Männchen ist er metallisch dunkelgrün, beim Weibchen kupferfarben. Ältere Männchen sind an der Vorderbrust, den Seiten, den vorderen und den hinteren Hinterleibsegmenten blau bereift. Die Beine sind schwarz.

Vorkommen: An ruhigen und stehenden Gewässern, Gartenteichen und Pfützen; oftmals auch in weiter Entfernung von Gewässern. In ganz Europa verbreitet und weithin die häufigste Teichjungfern-Art.

Lebensweise: Die Larven entwickeln sich im Frühjahr innerhalb weniger Wochen aus überwinterten Eiern. Die Libellen sitzen gern nahe der Wasseroberfläche an herausstehenden Stängeln von Schachtelhalmen, Simsen und Binsen. Die Eier legt das Weibchen, während es in der Paarung noch mit dem Männchen verbunden ist, in die Stängel verschiedenster Wasser- und Uferpflanzen. Dabei taucht es völlig in das Wasser ein, während das Männchen die Wasseroberfläche meist nur berührt. Wegen dieses Verhaltens heißt die Art *sponsa* (»die Verlobten«).

J	F	M	A	M	J	J	A	S	O	N	D

§   *Coenagrion puella*   **Hufeisen-Azurjungfer**

1

2

3

3er-Check

1 Grundfarbe hellblau (Männchen)
oder gelblichgrün (Weibchen)

2 Zweites Hinterleibssegment mit
Hufeisenzeichnung

3 Weitere Segmente mit langen,
schwarzen Hufeisen gezeichnet

Merkmale: Körperlänge ca. 30 mm, Flügelspannweite ca. 45 mm.
Von dieser Libelle gibt es 2 Farbformen. Bei der einen ist der
Hinterleib hellblau, bei der anderen gelblichgrün. Kennzeichen
der Azurjungfern ist ein schwarzer Fleck – bei der Hufeisen-Azurjungfer in Form eines Hufeisens – auf dem zweiten Hinterleibssegment des Männchens, der sich in verzerrt verlängerter Form
auf den nachfolgenden Segmenten wiederholt. Insgesamt gibt es
bei uns 10 Arten Azurjungfern, die alle anhand der Zeichnung zu
unterscheiden sind. Sie heißen nach dieser Zeichnung Hufeisen-,
Becher-, Fledermaus-, Gabel-, Hauben-, Helm-, Mond-, Pokal-, Speer-
oder Vogel-Azurjungfer.

Vorkommen: Sehr häufig und verbreitet. Azurjungfern bevorzugen
stehende, nicht zu kleine, pflanzenreiche Gewässer.

Lebensweise: Die Larve lebt in Sümpfen, flachen stehenden und
langsam fließenden Gewässern. Die Libellen halten sich in Ufernähe auf, sitzen an besonnten Stängeln und Blättern und sind keine
ausdauernden Flieger. Die Eier werden an schwimmende Pflanzen
und Pflanzenteile abgelegt. Die Entwicklungszeit vom Ei bis zur
Libelle beträgt 1 Jahr.

J F M A M J J A S O N D

Gebänderte Prachtlibelle *Calopteryx splendens* §

1

2

2er-Check

1 Flügel des Männchens mit einem blaugrün glänzenden Fleck

2 Flügel des Weibchens hellgrün durchscheinend

Merkmale: Körperlänge ca. 50 mm, Flügelspannweite bis 70 mm. Das Männchen trägt auf beiden Flügeln einen blaugrün glänzenden Fleck. Seine Flügel haben kein Flügelmal; der Körper ist schlank und von metallisch blaugrüner Farbe. Die Flügel des Weibchens sind einfarbig hell grünlich, mit einem von Adern durchzogenen »falschen Flügelmal«. Der gesamte Körper ist metallisch grün.

Vorkommen: Bevorzugt fließende, nicht zu kleine Gewässer mit besonnten Ufern. Häufig und in ganz Europa verbreitet; im Gebirge bis 1200 m Höhe.

Lebensweise: Die Larven leben in langsam fließenden Gewässern nahe dem Ufer, meist unter überhängendem Ufergras im Schlamm. Sie überwintern 2-mal. Die Libellen halten sich gern über dem Wasser an Pflanzen auf; ihr Flug ist unstet, taumelnd, jedoch während der Paarungsspiele geschickt. Zur Eiablage steigt das Weibchen rückwärts an Wasserpflanzen ins Wasser, wo es bis zu 20 Minuten in einer Lufthülle verweilt und seine Eier in Pflanzenstängel legt. Es kann sogar auffliegen, wenn es mit ausgebreiteten Flügeln auf der Wasserfläche liegt.

J	F	M	A	M	J	J	A	S	O	N	D

§ *Calopteryx virgo* **Blauflügel-Prachtlibelle**

2er-Check

1 Flügel des Männchens dunkel blaugrau bis blaugrün

2 Flügel des Weibchens durchscheinend braun

Merkmale: Körperlänge ca. 50 mm, Flügelspannweite bis 70 mm. Die Flügel des Männchens sind anfangs dunkel graublau gefärbt und schillern später dunkel blaugrün. Sie haben kein Flügelmal. Das Männchen hat einen metallisch schillernden, grünblauen Körper und schwarze Beine. Die Flügel des Weibchens sind durchscheinend braun und tragen ein weißes, von Adern durchzogenes »falsches Flügelmal«. Der Körper des Weibchens ist sehr schlank, stabförmig und glänzt blaugrün.

Vorkommen: Prachtlibellen leben fast ausschließlich an den besonnten Ufern fließender Gewässer. Sie sind in ganz Europa verbreitet und an günstigen Standorten häufig.

Lebensweise: Die Larven halten sich gern unter überhängenden Uferpflanzen und Gräsern in Ufernähe auf und benötigen 2 Jahre zu ihrer Entwicklung. Die ab Ende Mai schlüpfenden Libellen leben nur etwa 2 Wochen. Die Männchen fliegen meist im Taumelflug in Ufernähe umher und übernachten dort häufig gemeinsam. Die Weibchen sitzen gern an sonnigen Stellen auf Uferpflanzen und ziehen sich nachts landeinwärts auf Wiesen und an Waldränder zurück. Die Eiablage erfolgt unter Wasser an Pflanzenstängeln.

| J | F | M | A | M | J | J | A | S | O | N | D |

Hirschkäfer *Lucanus cervus*

RL 2, §

2 1

3

1	Sehr groß, dunkelbraun
2	Männchen mit Geweihzangen
3	Weibchen bis 40 mm groß, mit kurzen Zangen

3er-Check

Merkmale: Dieser unverwechselbare, größte europäische Käfer ist dunkel rotbraun bis schwarzbraun gefärbt. Kopf und Halsschild des Männchens sind bis auf die Zangen oft schwarz. Die weit abstehenden Fühler und kräftigen Beine sind ebenfalls dunkel. Nur das Männchen trägt an seinem breiten, rechteckigen Kopf die riesigen, an ein Hirschgeweih erinnernden Zangen. Das Weibchen hat nur kurze, aber kräftige Zangen. Bei ihm sind Kopf und Halsschild gerundet, und es ist gedrungener als das Männchen.

Vorkommen: In Laub- und Mischwäldern mit sehr alten Eichen; verbreitet, aber selten.

Lebensweise: Die wie Engerlinge aussehenden Larven entwickeln sich in den toten Wurzelstöcken und abgestorbenen Stammteilen alter Eichen. Sie leben dort 5–8 Jahre bis sie sich verpuppen. Die Puppenwiege ist nahezu faustgroß und die Puppe zeigt schon die Merkmale der weiblichen und männlichen Käfer einschließlich Geweih an. Die ab Mai schlüpfenden Käfer halten sich tagsüber an blutenden Baumstämmen auf, wo sie den austretenden Saft auflecken. Erst in der Abenddämmerung fliegen sie in größerer Zahl. Die Männchen liefern sich mit Hilfe der Zangen Rivalenkämpfe.

J	F	M	A	M	J	J	A	S	O	N	D

§   *Oryctes nasicornis* **Nashornkäfer**

1 Sehr groß, braun

2 Kopfhorn beim Männchen groß und gebogen

3 Kopfhorn beim Weibchen klein und stumpf

3er-Check

Merkmale: Mit 25–40 mm Körperlänge und hochgewölbter Gestalt einer unserer auffallendsten Käfer. Das 30–40 mm große Männchen trägt auf dem Kopf ein bis 10 mm langes Horn, das über das vorn eingewölbte und hinten hochgezogene Halsschild zurückgebogen ist. Das mit 25–30 mm Körperlänge kleinere Weibchen trägt auf dem Kopf nur einen kleinen Höcker oder Zahn; bei ihm sind Kopf und Halsschild nur wenig eingedrückt. Beide Geschlechter sind glänzend mittel- bis dunkelbraun gefärbt, Kopf und Halsschild meist dunkler als die Flügeldecken.

Vorkommen: Selten und nur örtlich, da Wärme liebend. Ursprünglich in Laubwäldern, heute jedoch auch als Kulturfolger.

Lebensweise: Die Larven entwickeln sich in warmem, verrottendem Pflanzenmaterial. Durch Holzabfälle, Eichenrinde in Gerbereien, Sägemehl- und Komposthaufen sind für den Käfer neue Brutplätze entstanden, in denen sich die Larven während 1–3 Jahren entwickeln. Die Puppe überwintert tief im Boden. Die meist im Juni schlüpfenden Käfer halten sich tags an Baumstämmen auf, wo die Männchen auch Rivalenkämpfe mit den Hörnern ausführen. Abends fliegen sie nicht selten an Lichtquellen.

J	F	M	A	M	J	J	A	S	O	N	D

Feld-Maikäfer *Melolontha melolontha*

3er-Check

1 Flügeldecken braun, Kopf und Halsschild meist schwarz

2 Bauch seitlich mit weißen Dreiecken

3 Hinterleib spitz ausgezogen

Merkmale: Kopf, Hals und Schildchen meist schwarz, manchmal rotbraun. Fühler, Beine und Flügeldecken rotbraun. Hinterleib schwarz, seitlich mit weißen, dreieckigen Flecken, hinten in eine Spitze ausgezogen (beim nahe verwandten **Wald-Maikäfer** statt der Spitze ein Knopf). Männchen mit 7 langen, Weibchen mit 6 kürzeren Fühlerblättern. Flügeldecken mit je 4 Längsstreifen.

Vorkommen: Weit verbreitet; Bestand sehr schwankend; häufig Massenauftreten in Wäldern und Obstbaumanlagen.

Lebensweise: Ab Ende April erscheinen diese allbekannten Käfer. Bei Temperaturen ab ca. 20 °C fliegen sie abends lebhaft umher und suchen zartblättrige Laubbäume auf. Besonders die Weibchen können diese fast kahl fressen. Zur Eiablage graben sich die Weibchen auf Löwenzahnwiesen tief ein. Die »Engerling« genannten Larven (S. 222) fressen feine Wurzeln und wandern im Boden umher, bis sie sich schließlich im dritten Jahr in einer Tiefe von 1–1,5 m eine »Puppenwiege« anlegen. Nach der 6–8-wöchigen Puppenruhe schlüpfen die Käfer und überwintern im Boden. Im Frühjahr können die Weibchen bei Massenauftreten, große Schäden am jungen Laub anrichten. Die Männchen fressen nur sehr wenig.

J	F	M	A	M	J	J	A	S	O	N	D

Amphimallon solstitiale **Junikäfer**

1

2

3

1 Mittelgroß, Gestalt gedrungen

2 Flügeldecken hellbraun, durchscheinend

3 Stark behaart

3er-Check

Merkmale: 14–18 mm groß, von gedrungener Gestalt. Kopf, Halsschild, der Ansatz der Flügeldecken und der Bauch dicht mit hellen, braunen bis weißlichen Haaren besetzt; Beine braun und relativ lang. Die Flügeldecken haben je 3 schwache Längsrippen. Sie sind durchscheinend, sodass unter ihnen die Hinterflügel erkennbar sind.

Vorkommen: Der Junikäfer ist weit verbreitet und stellenweise auf Wiesen und Brachflächen sehr häufig, bis zum Massenauftreten.

Lebensweise: Wie der Maikäfer legt der Junikäfer seine Eier in den Boden, wo seine Engerlinge vorwiegend Graswurzeln fressen. Sie benötigen für ihre Entwicklung 2–3 Jahre. Die im Juni erscheinenden Käfer werden erst abends lebhaft. Sie fliegen dann in großer Zahl aus den Wiesen auf und umschwärmen Baumwipfel und Häuser. Wie beim Maikäfer können die Engerlinge großen Schaden anrichten. Die Käfer verursachen an Laubbäumen ebenfalls nicht unerhebliche Fraßschäden. Bisweilen wird auch der nur 8,8–12 mm kleine, im Frühsommer sehr häufige **Gartenlaubkäfer** *(Phyllopertha horticola),* der ein metallisch dunkelgrünes Halsschild und dunkle Beine hat, als Junikäfer bezeichnet.

J	F	M	A	M	J	J	A	S	O	N	D

Julikäfer *Anomala dubia*

2 **1**

3

1	Mittelgroß, gedrungene Gestalt
2	Oberseite mit metallischem Glanz
3	Halsschild und Schildchen unbehaart

3er-Check

Merkmale: 12–15 mm, gedrungen, unbehaart und einem kleinen Maikäfer ähnlich. Die Färbung wechselt. In der Regel braun, blauschwarz oder grünlichschwarz, mit Metallglanz; Flügeldecken mittel- bis dunkelbraun. Halsschild in der Mitte am breitesten, vorne schmal. Hinterschenkel deutlich dicker als Vorder- und Mittelschenkel

Vorkommen: Auf Weidengebüsch, Brombeeren, Ulmen, Robinien, Birken und jungen Kiefern; fast überall, in sandigen Gegenden häufig.

Lebensweise: Die Larven ernähren sich im Boden als kleine Engerlinge von Wurzeln der Laubbäume, richten aber keinen nennenswerten Schaden an. Sie benötigen 2 Jahre zu ihrer Entwicklung. Die Käfer schlüpfen bereits im Juni und schwärmen abends umher. Sie hängen sich an die verschiedensten Bäume und fressen dort die frischen Maitriebe und Blüten. Für Vögel, Fledermäuse und Insektenfresser sind während ihrer Brutzeit die Mai-, Juni- und Julikäfer sowie die Gartenlaubkäfer eine wichtige Nahrungsgrundlage.

J	F	M	A	M	J	J	A	S	O	N	D

Geotrupes vernalis **Frühlings-Mistkäfer**

1

2

3

1 Mittelgroß, stark gewölbt, blau-schwarz, mit metallischem Glanz

2 Brustschild deutlich gerandet

3 Schienen breit, mit sägeblatt-artigem Rand

3er-Check

Merkmale: Der 12–20 mm lange, rundliche Käfer ist gedrungen gebaut und oberseits hoch gewölbt. Brustschild und Flügeldecken sind sehr glatt, sehr fein in Reihen nadelstichartig punktiert, außen gerandet und von metallisch schillernder, grünlicher bis schwarzblauer Farbe. Die Beine sind kräftig, die Schienen verbreitert, die der Vorderbeine sägeblattartig mit langen Zähnen besetzt. Die Fühler sind kurz.

Vorkommen: Fast überall und häufig, besonders auf Wiesen und Weiden mit Miststoffen.

Lebensweise: Der Frühlings-Mistkäfer und sein nächster Verwandter, der **Wald-Mistkäfer**, der gerippte Flügeldecken hat, leben als Larve und Käfer von Viehdung. Die Weibchen treiben Brutfürsorge und legen unter Kuhfladen, Pferdeäpfeln, Wildtierlosung und Menschenkot Erdstollen an. In diesen richten sie zur Eiablage Brutkammern ein. Dann werden die Stollen mit Miststoffen verfüllt und mit Erde verschlossen. Nach der 1-jährigen Entwicklungszeit kommen die Käfer zum Vorschein und fliegen in den Abendstunden lebhaft umher. Häufig ist ihr Körper mit zahlreichen kleinen, braunen, schmarotzenden Milben übersät.

J	F	M	A	M	J	J	A	S	O	N	D

Rosenkäfer *Cetonia aurata* §

2 **1**

1 Groß, metallisch grün bis bronze schimmernd

2 Körpergestalt oben und seitlich kastenförmig abgeflacht

3 Weiße Querstriche auf den Flügeldecken

3er-Check

3

Merkmale: 14–20 mm groß, von gedrungener Gestalt mit weitgehend abgeflachten und seitlich steil abfallenden Flügeldecken. Die Oberseite glänzt metallisch grün bis bronzefarben, die Unterseite metallisch kupferrot. Die nadelstichartig punktierten Flügeldecken tragen flache Längsrippen und ein Muster kurzer, gewellter, weißer Querstriche. Es gibt zahlreiche Farbvarianten.

Vorkommen: Weithin verbreitet aber nur örtlich häufig; an Waldrändern, Gebüschen und Hecken.

Lebensweise: Die Eier werden in morsches Holz, Sägmehlhaufen oder den Mulm alter Laubbäume abgelegt. Verwandte Arten bevorzugen für die Eiablage die Nester der Roten Waldameise. Im Mulm entwickeln sich die Larven als »Engerlinge« innerhalb eines Jahres. Die Käfer fliegen brummend mit geschlossenen Flügeldecken, wobei die Hinterflügel unter einer Ausbuchtung der Flügeldecken ausgebreitet werden. Bei warmem Wetter suchen sie mittags die Blüten von Rosen (Name!), Holunder, Flieder und Weißdorn auf, wo sie Blütenblätter, Staubgefäße und Stempel fressen. Bei kühlem Wetter und Regen hängen sie wie leblos in den Blüten und im Blattwerk.

J	F	M	A	M	J	J	A	S	O	N	D

Trichius fasciatus **Pinselkäfer**

1

2

3

1 Mittelgroß, gelb und schwarz gezeichnet

2 Sehr lange Beine

3 Schildchen und Hinterleib lang weiß behaart

3er-Check

Merkmale: 9–13 mm groß, Gestalt gedrungen. Kopf, Halsschild, Körper und die relativ langen Beine sind schwarz und tragen eine auffallende, bräunliche bis weiße Behaarung (Name!). Die Flügeldecken sind glatt, im Umriss gradlinig begrenzt, mit gerundeten Ecken. Sie bedecken nicht das weiß behaarte Hinterende des Körpers. Auf gelber bis gelbbrauner Grundfarbe haben sie an den Schultern, der Seite und am Hinterrand jeweils einen schwarzen Fleck.

Vorkommen: Überall verbreitet und häufig; besonders auf Wiesen und an Wegrändern in der Nähe von Wäldern und von Obstbäumen.

Lebensweise: Die Käfer legen ihre Eier in moderndes Holz und in den Bodenmulm von Laubbäumen ab. Die Larven sind kleinen Engerlingen ähnlich und ernähren sich von zersetzendem Laub, in dem sie sich auch verpuppen. Im folgenden Jahr suchen die Käfer Blüten auf, aus denen sie vorwiegend Pollen fressen. Bevorzugt werden Doldenblütler wie Wiesen-Kerbel, Kälberkropf, Engelwurz und Bärenklau.

| J | F | M | A | M | J | J | A | S | O | N | D |

Totengräber *Necrophorus vespilloides*

3er-Check

1 Schwarz, mit 2 orangeroten Querbinden

2 Flügeldecken hinten kurz und gerade abgestutzt

3 Saum von hellen, abstehenden Haaren

Merkmale: 12-22 mm groß, mit schwarzem Kopf und Halsschild. Die Enden der Fühler sind orangerot und die schwarzen Flügeldecken haben 2 breite, gewellt begrenzte, orangerote Querbinden, die nur an der Naht unterbrochen sind. Das gerade abgestutzte Hinterende der Flügeldecken lässt die letzen Glieder des schwarzen Hinterleibs frei. Ränder des Halsschilds, der Flügeldecken und des Hinterleibs sind mit bräunlichen bis weißen Borsten besetzt.

Vorkommen: Überall und nicht selten; in Waldgebieten, Feldern, Wiesengelände und Gärten.

Lebensweise: Für die Entwicklung benötigt der Totengräber Kadaver von kleinen Tieren wie Mäusen, Spitzmäusen und Vögeln. An diesen finden sich die Käfer dank eines guten Geruchsinnes ein. Sie graben den toten Körper tief in den Boden ein, indem sie ihn unterminieren. Ein Weibchen gräbt dann einen Seitengang und legt dort 20-24 Eier. Die nach 5 Tagen schlüpfenden Larven werden durch Zirpgeräusche von der Mutter zu der Aaskugel gelockt und in den ersten Tagen von ihr mit Magen- und Verdauungssaft gefüttert. Nach etwa 7-12 Tagen verpuppen sie sich in der Erde und schlüpfen noch im gleichen Jahr.

J	F	M	A	M	J	J	A	S	O	N	D

Oeceoptoma thoracica **Rothalssilphe**

1

2er-Check

1 Abgeflacht; Flügeldecken schildförmig, schwarz, bläulich schimmernd

2 Halsschild rostrot

2

Merkmale: 11–16 mm langer, abgeflachter, lang-eiförmiger Aaskäfer. Der Kopf, die keulig verdickten Endglieder der Fühler und das Halsschild braunrot, sonst schwarz gefärbt. Die Flügeldecken haben 3 Längsrippen und schimmern durch ihre Oberflächenstruktur bläulich. Kann nicht mit anderen Käfern verwechselt werden.

Vorkommen: Häufig und überall verbreitet; in Waldgebieten an Pilzen sowie auf Wiesen an Aas und anderen übel riechenden Stoffen.

Lebensweise: Zwar findet man Aaskäfer auch an Aas, doch leben die Larven und Käfer von nahezu allen organischen Resten, die sich in Zersetzung befinden. Die Larven haben Ähnlichkeit mit Asseln und ernähren sich von faulenden Stoffen im Boden. Die Käfer sitzen, angelockt vom Geruch, an toten, verwesenden Tieren und Kot ebenso wie an verfaulenden Pilzen. Im Wald findet man sie häufig an der übel riechenden Stinkmorchel, an der sie den die Sporen einschließenden Schleim fressen. Auf diese Weise tragen sie zur Ausbreitung der unverdaulichen Sporen und damit zur Verbreitung der Pilze bei. Ihr unappetitliches Geschäft darf aber nicht darüber hinwegtäuschen, dass Aaskäfern als »Hygienepolizei« eine wichtige Rolle im Haushalt der Natur zukommt.

J	F	M	A	M	J	J	A	S	O	N	D

Feld-Sandlaufkäfer *Cicindela campestris* §

2 1

3er-Check

1 Metallisch grüne Flügeldecken

2 Großer Kopf, Halsschild vom Hinterleib abgesetzt

3 Flügeldecken mit kleinen weißlichen Flecken

Merkmale: 11–15 mm lang, schlank, mit großem Kopf, auffallend großen, vorstehenden Augen und kräftigem, beißzangenähnlichem Oberkiefer, kleinem Halsschild und parallelseitigem, von der Mittelbrust abgesetztem Hinterleib. Kopf und Halsschild sind metallisch grün, kupferfarben überhaucht, die Flügeldecken glänzend metallisch grün, mit weißlichen oder cremefarbenen kleinen Flecken. Die Unterseite ist kupferfarben bis schwarz.

Vorkommen: Weit verbreitet und örtlich häufig; auf sonnigen, sandigen Flächen mit geringem oder niederem Pflanzenwuchs.

Lebensweise: Die Larven leben im Boden in senkrechten, tiefen Röhren, die sie oben mit Kopf und Halsschild verschließen. So lauern sie auf Beutetiere, die sie blitzschnell mit ihren zangenartigen Kiefern ergreifen und in die Röhre ziehen. Die Nahrungsreste und den Kot schleudern sie aus der Röhren im Bogen heraus. Im Winter verschließen sie ihre Wohnröhre und verpuppen sich erst im folgenden Juli. Nach 3 Wochen schlüpfen dann die Käfer, die bei Sonnenwetter äußerst lebhaft sind und bei der geringsten Bodenerschütterung auffliegen, um in einiger Entfernung wieder am Boden zu landen.

J	F	M	A	M	J	J	A	S	O	N	D

RL 2, § *Cicindela silvatica* # Wald-Sandlaufkäfer

3er-Check

1 Bronzefarben

2 Kopf groß, Halsschild vom Hinterleib abgesetzt

3 Flügeldecken mit hellem gezack-
tem Band und hellen Flecken

Merkmale: Mit 14–20 mm Körperlänge größer als der Feld-Sandlaufkäfer. Kopf und Halsschild glänzend braun mit metallischem
Schimmer. Die Flügeldecken sind hinten leicht zugespitzt, ebenfalls braun, mit groben Punktgruben und metallischem Schimmer.
Sie tragen randlich ansetzende, weiße bis gelbliche Flecken und
Bänder sowie ein kurzes, gewelltes Band, das die Decken quert,
aber die Naht nicht ganz erreicht.

Vorkommen: Auf stark besonnten, sandigen Flächen auf Dünen, in
Kiefernwäldern, in Heidegebieten; weit verbreitet, aber nicht häufig.

Lebensweise: Die Larve lebt, wie die des Feld-Sandlaufkäfers, in
einer bis 50 cm tiefen, senkrechten Wohnröhre, von der aus sie
Insekten und Spinnen als Beutetiere ergreift und in die Tiefe zieht.
Sie überwintert im Boden und schlüpft nach kurzer Puppenruhe
im folgenden Sommer. Die Käfer sind nur bei Sonnenschein aktiv.
Bei bewölktem Himmel und in der Nacht halten sie sich versteckt
am Boden auf oder graben sich ein. Ihre Beutetiere sind Spinnen,
Ameisen und andere Insekten, die sie mit ihren Zangen ergreifen
und vor dem Mund verdauen, um nur die »Säfte« aufzusaugen. Auf
der Flucht fliegen sie hoch auf Sträucher und Bäume.

J	F	M	A	M	J	J	A	S	O	N	D

Puppenräuber *Calosoma sycophanta* RL 2, §

3er-Check

1 Groß, Flügeldecken breit-schild-förmig

2 Flügeldecken gerieft, goldgrün glänzend

3 Kopf und Halsschild schwarz-violett

Merkmale: Großer, 18-28 mm langer, breit gebauter Laufkäfer mit breitem Halsschild und breiten, parallelseitigen, hinten mit gerundeter Spitze zusammenlaufenden Flügeldecken. Metallisch blau-grün bis schwarz; Flügeldecken glänzend grün bis rotgolden, mit Längsfurchen und feiner Punktierung. Beine lang, dunkel.

Vorkommen: Auf Laub- und besonders Obstbäumen sowie Kiefern; in Wäldern und Gärten, bis in die Städte.

Lebensweise: Die frei im Laubwerk von Bäumen lebende Larve frisst Schmetterlingsraupen. Sie benötigt für Ihre Entwicklung im Sommer nur 2-4 Wochen. Nach 3-4 Wochen Puppenruhe schlüpft dann der Käfer, der mehrmals im Boden überwintert und bis zu 4 Jahre alt werden kann. Puppenräuber sind äußerst nützliche Käfer, da ein einzelnes Tier im Lauf eines Sommers 200-400 Raupen verzehrt. Sie können sehr gut fliegen, vermehren sich schnell und breiten sich dementsprechend rasch aus. Der große Puppenräuber lebt auf Bäumen, wo er tagsüber den Raupen von Schmetterlingen und Blattwespen nachstellt. So spielt er in der biologischen Schädlingsbekämpfung eine große Rolle und gehört zu den nützlichsten Forstinsekten.

J	F	M	A	M	J	J	A	S	O	N	D

§ *Carabus auratus* **Gold-Laufkäfer**

3er-Check

1 Groß, schlank, glänzend goldgrün

2 Mundwerkzeuge, Fühlerbasis und Beine rot

3 Flügeldecken mit je 3 kräftigen Längsrippen

Merkmale: Der 17–34 mm lange, schlanke Käfer ist glänzend goldgrün. Nur die Mundwerkzeuge, die ersten 4 Fühlerglieder und die relativ langen Beine sind rot. Das Halsschild ist etwa so breit wie lang und gerandet. Die den lang-eiförmigen Hinterleib schützenden, ebenfalls gerandeten Flügeldecken sind mit je 3 kräftigen, in der Färbung nicht abgesetzten Längsrippen versehen.

Vorkommen: Wärme liebend; auf trockenen Hängen, lehmigen Äckern, an Waldrändern und in trockenen Flussauen, gelegentlich in Gärten; weit verbreitet und vielerorts häufig.

Lebensweise: Die Larven leben im Sommer am Boden, wo sie Jagd auf Schnecken, Regenwürmer und Insektenlarven machen. Die Beute wird mit Zangen ergriffen, vor dem Mund verdaut und dann ausgesaugt. Die Larve verpuppt sich im Boden und der Käfer schlüpft im Herbst. Er vergräbt sich dann bald und überwintert im Boden. Er kann 2 Jahre alt werden. Im Sommer jagt er, am Tage schnell umherlaufend, andere Insekten, geht aber auch an Aas und Pilze und frisst, wie die Larve, Schnecken und Regenwürmer. Da er u. a. die Larven von Kartoffelkäfern stark dezimiert, ist er auf Feldern und in Gärten sehr nützlich.

J	F	M	A	M	J	J	A	S	O	N	D

Leder-Laufkäfer *Carabus coriaceus* §

3er-Check

1 Groß, schwarz, schwach glänzend

2 Flügeldecken genarbt und gerunzelt

3 Halsschild vorne breiter als hinten

Merkmale: Der Leder-Laufkäfer ist mit 34–42 cm Körperlänge der größte einheimische Laufkäfer. Fühler, Körper und Beine sind schwarz. Das Halsschild ist vorn breiter als hinten, an den Ecken gerundet, hat einen kräftigen Rand, eine feine Mittelfurche und ist schwach gerunzelt. Der Hinterleib ist eiförmig und die Oberfläche der Flügeldecken kräftig genarbt. Da seine Hinterflügel verkümmert sind, kann der Leder-Laufkäfer nicht fliegen.

Vorkommen: Sehr weit und in vielen Lebensräumen verbreitet; mit Vorliebe in feuchten Laubwäldern, aber auch in Kiefern-Mischwäldern, unter Hecken und in Gärten; nicht auf Sandboden. Ursprünglich häufig, jedoch in letzter Zeit leider selten.

Lebensweise: Die Larve lebt auf nicht zu trockenen Böden in der Laubstreu, wo sie kleinen Würmern, Schnecken und Insekten nachstellt, die sie in der für Laufkäferlarven typischen Weise vor dem Mund verdaut und dann aussaugt. Sie überwintert im Boden. Der Käfer erscheint ab Mitte Mai und überdauert trockene Sommermonate in einem Sommerschlaf unter Steinen oder im Boden, um dann von Ende Juli bis Oktober wieder aktiv zu sein. Er kann 2–3 Jahre alt werden und ernährt sich wie seine Larve.

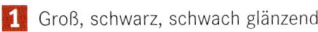

J	F	M	A	M	J	J	A	S	O	N	D

§ *Carabus hortensis* **Garten-Laufkäfer**

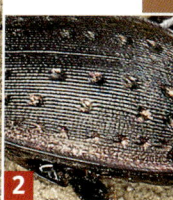

1 Groß, schwarz bis bronzefarben

2 Flügeldecken mit Längsstreifen und schillernden Punktgruben

3 Halsschild etwa quadratisch

3er-Check

Merkmale: Von Gestalt langgestreckt, hat der Gartenlaufkäfer eine Körperlänge von 22–28 mm. Er ist dunkel gefärbt, bronzebraun bis schwarz, mit etwas dunklerem, gerunzeltem Halsschild. Dieses ist fast rechteckig, mit etwas verlängerten, gerundeten Hinterecken. Die Flügeldecken sind hinter dem Halsschild eingezogen, tragen feine Längsstreifen und je 3 Längsreihen von rotgoldenen oder grünen Punktgruben.

Vorkommen: Fast überall von der Meeresküste bis ins Hochgebirge, relativ häufig; in Wäldern und auf Lichtungen, an Wegrändern, auf Feldern und in Parks. Kein typischer Bewohner von Gärten, da er steinige und kiesige Böden bevorzugt.

Lebensweise: Die Entwicklung der Larve ist vergleichbar mit der anderer großer Laufkäfer. Sie lebt am Boden und ernährt sich von Schnecken, Würmern, Asseln und Insekten. Im Herbst gräbt sie sich in den Boden ein, wo sie überwintert. Die Käfer erscheinen im zeitigen Frühjahr und stellen dann während der Dunkelheit – wie ihre Larven – Schnecken, Würmern, Raupen von Erdeulen und anderen Insekten nach. Sie gehen auch an Aas. Tagsüber ziehen sie sich unter Steine, Laub oder moderndes Holz zurück.

J	F	M	A	M	J	J	A	S	O	N	D

Heldbock, Großer Eichenbock *Cerambyx cerdo* RL 1, §

2 **1**

1	Sehr groß, dunkelbraun, schlank, mit sehr langen Fühlern
2	Fühler geknotet
3	Kopf und Halsschild mit Höckern und Wülsten

3er-Check

Merkmale: Mit 24–53 mm Körperlänge einer der größten europäischen Käfer mit knotigen, körperlangen (Weibchen) oder doppelt körperlangen (Männchen) Fühlern. Der Kopf hat Höcker, kräftige Zangen und große, bohnenförmige Augen. Das annähernd zylindrische Halsschild trägt kräftige Querwülste und Runzeln. Die Beine sind sehr kräftig und lang. Der Hinterleib wird von den fein gerunzelten, je 3 Längsrippen tragenden Flügeldecken überdeckt. Die lederartig braunschwarze Grundfarbe des Tieres ist zum Hinterende der Flügeldecken in rötliches Braun aufgehellt.

Vorkommen: Weit verbreitet, aber sehr selten geworden; in Wäldern und Parkanlagen mit sehr alten Eichen.

Lebensweise: Die Käfer verbergen sich tagsüber in Holzgängen. Abends und nachts fliegen sie umher und lecken am Saftfluss von Eichen. Das Weibchen legt bis zu 80 Eier in die Rinde von alten Eichen, selten auch in Buchen oder andere Laubbäume. Die Larven fressen im ersten Jahr in der Rinde und später im Splint- und Kernholz. Nach 4–5 Jahren verpuppen sie sich im Herbst. Die vom Heldbock aufgesuchten Bäume sind durch die Gänge als Nutzholz wertlos. Heute findet der Käfer kaum noch geeignete Brutbäume.

J	F	M	A	M	J	J	A	S	O	N	D

§   *Aromia moschata* **Moschusbock**

3er-Check

1 Groß, mit langen Fühlern, blaugrün bis rötlich glänzend

2 Kopf und Halsschild mit Höckern

3 Flügeldecken gerunzelt, mit feinen Längsrippen

Merkmale: 22–34 mm großer, schlanker Bockkäfer. Die Fühler sind beim Männchen länger als der Körper, beim Weibchen etwas kürzer. Kopf und Halsschild tragen bucklige Höcker, das Halsschild hat seitlich Spitzen. Die Grundfärbung ist metallisch glänzend erzgrün bis schwarz, mit braunen, blauen, violetten und kupferroten Tönungen. Fühler und Beine sind stahlblau bis schwarz, die Flügeldecken lederartig gerunzelt, mit je 2–3 feinen Längsrippen.

Vorkommen: Überall und nicht selten; in Flussniederungen und Auwäldern (Weichholzaue mit Weiden und Pappeln).

Lebensweise: Der Moschusbock lebt im Sommer an den Stämmen, Ästen und im Blattwerk von Weiden sowie auf Blüten. Er findet sich auch an anderen verletzten, blutenden Laubbäumen ein, um Saft zu lecken. Aus paarigen Drüsen an der Unterseite der Hinterbrust verströmt er ein Sekret, das einen moschusartigen Geruch hat (Name!). Die Eier legt das Weibchen in die Rinde der verschiedenen Arten von Weiden, Pappeln und Erlen, wobei es alte Kopfweiden bevorzugt. Die Larve lebt mehrere Jahre im gesunden Holz der Äste und Stämme, kann Büsche und Bäume erheblich schädigen und bei Massenbefall zum Absterben bringen.

| J | F | M | A | M | J | J | A | S | O | N | D |

Zimmermannsbock *Acanthocinus aedilis*

1

2

1 Männchen(oberer, größerer Käfer): Fühlerlänge 3–5fache Körperlänge Weibchen mit Legeröhre; Fühlerlänge bis 2fache Körperlänge

2 Grau gemustert, Halsschild mit 4 goldbraunen Punkten

Merkmale: Körper 12–20 mm lang; mit überlangen Fühlern, die die Körperlänge beim Männchen um das 3–5fache, beim Weibchen bis zum 2fachen übertreffen. Die Grundfarbe des Körpers ist scheckig grau bis graubraun. Die Fühler wie auch die Beine sind dunkel geringelt. Die Flügeldecken weisen 2 geschwungene, dunkle Querbinden auf, von denen die vordere undeutlich ist. Kopf und Halsschild sind breit, das Halsschild seitlich jeweils mit spitzem Dorn und oberseits mit 4 hellen, glänzenden, runden Flecken.

Vorkommen: In Nadelwäldern, besonders Kiefernwäldern; überall verbreitet und nicht selten.

Lebensweise: Die Käfer sitzen gern auf Kiefernstubben, gefällten Kiefern und Klafterholz. Die Männchen spreizen bei Rivalenkämpfen die Fühler waagerecht ab und versuchen, den Gegner mit der Stirn wegzuschieben. Das Weibchen legt mit seiner langen Legeröhre 30–40 Eier in die Rinde von Kiefern, gelegentlich auch von Tannen, Fichten oder Lärchen. Die Larve (S. 222) lebt etwa 2 Jahre in der Rinde und verpuppt sich in einer »Puppenwiege«, in der der im Herbst geschlüpfte Käfer überwintert. Ist der Herbst sehr warm, erscheinen die Käfer schon im September/Oktober.

J	F	M	A	M	J	J	A	S	O	N	D

Saperda carcharias **Pappelbock**

1 **2**

1 Flügel beige mit schwarzen Punkten

2 Kräftige, geringelte Fühler

3 Halsschild annähernd quadratisch

3er-Check

3

Merkmale: Schwarzbrauner, 20–30 mm langer, kräftiger Bockkäfer mit einer gelb- bis graubraunen, dichten Behaarung, zwischen der die Grundfarbe als schwarze Körnelung sichtbar wird. Die Fühler sind etwa so lang wie der Körper, die Fühlerglieder bis auf das letzte an den Enden schwarz geringelt. Der Kopf ist breit, mit tief gefurchter Stirn, die Brust in der Aufsicht etwa quadratisch und seitlich abgerundet. Die Flügeldecken sind ebenfalls gerundet und haben am Ende eine kleine Spitze.

Vorkommen: Überall und stellenweise häufig; in der Weichholzaue und in Alleen an Pappeln, Espen und Weiden.

Lebensweise: Die Käfer halten sich an und auf Pappeln auf, in deren Blätter sie große Löcher fressen. Das Weibchen legt seine Eier im Herbst in selbst genagte Rindenfurchen junger Pappeln. Im Frühjahr schlüpfen die Larven und fressen zunächst unter der Rinde, nagen dann aber einen tiefen, geraden, aufsteigenden Gang von 15–25 cm Länge ins Holz. Dadurch verursachen sie erhebliche Schäden an jungen Bäumen, die dann absterben können. Nach 2–3 Jahren verpuppt sich die Larve im Frühsommer in ihrem Gang. Der Käfer schlüpft nach 2–3 Wochen Puppenruhe.

J	F	M	A	M	J	J	A	S	O	N	D

Widderbock *Clytus arietis*

2 **1**

3

1 Wespenähnlich, schwarz mit gelber Zeichnung

2 Endglieder der Fühler verdunkelt

3 Hinterschenkel hell

3er-Check

Merkmale: Der Widderbock ist ein »Wespenbock«, der mit einer Körperlänge von 7–14 mm und durch schwarz-gelbe Farbe einer Wespe ähnelt, allerdings eine völlig andere, parallelseitige, gestreckte Gestalt hat. Der schwarzgelbe Kopf trägt mittellange, rotgelbe, zum Ende verdickte und geschwärzte Fühler. Das kugelige Halsschild ist nadelstichartig punktiert, behaart und schwarz, an den Rändern teils gelb. Die Flügeldecken sind am Ende gelb. Die gelbe, strichartige Zeichnung im vorderen Teil steht senkrecht zur Flügelnaht und erreicht sie nicht. Die sehr langen Beine sind rotgelb mit schwarzen Bereichen. Schildchen gelb.

Vorkommen: Überall verbreitet und häufig; in Waldgebieten wie auch in der Nähe von Wäldern.

Lebensweise: Die Käfer findet man bei schönem Wetter sowohl auf Doldenblütlern und blühenden Sträuchern als auch auf Buchen-Klafterholz. Sie sind scheu und flüchten schnell auf ihren langen Beinen oder fliegen davon. Ihre Larve lebt im Holz der verschiedensten Laubbäume und Büsche. Nachdem sie zunächst verschlungene Gänge zwischen Rinde und Holz angelegt hat, gräbt sie sich bis zu 10 cm tief in das Holz und überwintert 2-mal.

J	F	M	A	M	J	J	A	S	O	N	D

Strangalia maculata **Gefleckter Schmalbock**

1

2

3

1 Flügeldecken schwarz und gelb gezeichnet

2 Flügeldecken am Ende stark verschmälert

3 Männchen mit 2 Zacken an den Hinterschienen

3er-Check

Merkmale: 14–20 mm großer, schwarz-gelb gezeichneter »Blütenbock« mit etwa körperlangen Fühlern, deren Glieder am Grund gelb, am Ende schwarz geringelt sind. Der Kopf ist schwarz und das Halsschild schwarz und gelbbraun gefärbt; es hat im vorderen Drittel an der Seite einen Höcker, seine Hinterwinkel sind stark zugespitzt. Die Flügeldecken verjüngen sich stark nach hinten und sind sehr variabel auf gelbem Grund schwarz gezeichnet, von nahezu rein gelb bis zu weitgehend schwarz. Meist liegt die schwarze Zeichnung vorn fleckig und hinten bindenförmig vor.

Vorkommen: Weit verbreitet und sehr häufig; in lichten Laubwäldern, auf Waldwiesen und an Wald- und Gebüschrändern.

Lebensweise: Der Begriff »Blütenbock« weist schon darauf hin, dass sich der Widderbock und seine Verwandten gerne auf Blüten, in seinem Falle auf Doldenblüten und blühenden Sträuchern, aufhalten. Oft ist er dort in Gesellschaft von Artgenossen. Zur Eiablage suchen die Weibchen verschiedene Laubbäume und Sträucher auf, selten auch einmal eine Kiefer oder Fichte. Die Larven leben dann 2 Jahre in morschen Stämmen und Stubben im feuchten Faulholz nahe der Bodenoberfläche.

| J | F | M | A | M | J | J | A | S | O | N | D |

Rothalsbock *Leptura rubra*

3er-Check

1 Weibchen rotbraun, mit schwarzem Kopf

2 Männchen hell gelbbraun, Kopf und Halsschild schwarz

3 Flügeldecken fein behaart

Merkmale: »Blütenbock« von 10–19 mm Länge, mit knapp körperlangen, schwarzen Fühlern, die zu den Enden hin leicht gesägt sind. Die Geschlechter sind verschieden: Das Weibchen ist gedrungen, kräftig und hat einen schwarzen Kopf; Halsschild und Flügeldecken sind einfarbig rot, selten ockergelb. Das Männchen ist zierlich und schlank; Kopf und Halsschild sind schwarz und die Flügeldecken braungelb, selten ebenfalls schwarz. Das Halsschild und die Flügeldecken sind gleichmäßig fein nadelstichartig punktiert und von einer kurzen, hellen Behaarung bedeckt.

Vorkommen: Überall verbreitet und häufig bis sehr häufig; in Fichtenwäldern jeder Höhenlage.

Lebensweise: Die Käfer findet man in Waldnähe sehr häufig auf Doldenblüten und manchen blühenden Büschen sowie auf Wurzeln, Stubben und toten Stämmen von Nadelbäumen. Das Weibchen legt die Eier nur an Stubben und berindete Stämme von Nadelhölzern, bevorzugt von Fichten und Kiefern. Die Larven legen über mehrere Jahre mit Bohrmehl verfüllte Gänge im Totholz an, zu dessen Abbau sie einen erheblichen Beitrag leisten. Früher galt die Larve als Schädling an hölzernen Telegrafenstangen.

J	F	M	A	M	J	J	A	S	O	N	D

§ *Chrysobothris affinis* **Großer Prachtkäfer**

3er-Check

1 Mittelgroß, gedrungen, Vorderkörper breit

2 Flügeldecken mit Längsrippen und 6 farbigen Gruben

3 Kopf sehr kurz, mit ovalen Augen

Merkmale: Mit 12–15 mm Körperlänge relativ großer, dunkelbraun erzglänzender Prachtkäfer mit metallisch grün schimmerndem Kopf. Kopf und Halsschild sind breit. Die Flügeldecken tragen Längsrippen und haben an der Basis je eine kleine Grube sowie 2 größere, flache Gruben auf der Oberfläche. Diese Gruben sind golden, rötlich, grün oder blau schimmernd gefärbt. Die Unterseite glänzt kupferrot, an den Seiten oft auch grün.

Vorkommen: In Mitteleuropa der häufigste Prachtkäfer; in Laub- und Kiefernwäldern auf liegenden Baumstämmen.

Lebensweise: Die Larve ist am Vorderende stark abgeflacht und lebt unter der Rinde von alten, absterbenden Buchen-, Pappel-, Kastanien- und Kiefernstämmen. Das Weibchen legt aber auch einzelne Eier dicht über dem Boden an junge Eichen, die durch die Larvengänge absterben können. Deshalb wird der »Goldgruben-Eichenprachtkäfer« als Forstschädling angesehen. Die im Bast lebende Larve greift auch das Holz an. Die Käfer sind tags bei warmem Sonnenschein aktiv, sitzen an Baumstämmen und Totholz. Sie sind außerordentlich scheu und fliegen sofort ab, wenn man in ihre Nähe kommt.

J	F	M	A	M	J	J	A	S	O	N	D

Zweifleckiger Prachtkäfer

Agrilus biguttatus

§

2 **1**

3

1	Langgestreckt, schlank, bronze-farben bis grün
2	Halsschild mit feiner Körnelung
3	Flügeldecken seitlich und nahe dem Hinterende mit weißen Punkten

3er-Check

Merkmale: Dieser in der Aufsicht schlank-tropfenförmige Prachtkä-fer ist 8–13 mm lang und hat eine im Licht irisierende gold- bis bronzegrüne Grundfarbe, die auch in bläuliche Farbtöne überge-hen kann. Sein Kopf ist sehr kurz und breit, mit großen, seitlichen Augen. Mit gerader Naht grenzt er an das breite Halsschild, dessen Seitenränder ebenso wie der Hinterrand bogig verlaufen. Die Flü-geldecken sind an der Schulter am breitesten und tragen hinten 2 kleine, weiße Haarflecken. Am Bauch und an den Seiten liegen weitere weißliche Haarflecken.

Vorkommen: Verbreitet, insbesondere in wärmeren Gebieten.

Lebensweise: Die Larve ist sehr schlank, langgestreckt und lebt in der dicken Rinde von Eichen, wobei alle Arten befallen werden. Die Käfer halten sich sowohl auf Eichentrieben als auch auf Kräutern und Gräsern unter Eichen auf. Es gibt zahlreiche ähnliche Arten, von denen in Mitteleuropa etwa 40 gefunden wurden. Sie leben nicht nur in der Rinde von Eichen und anderen Bäumen wie Pap-pel, Buche, Kastanie und Birne, sondern auch in den lebenden und toten Zweigen von verschiedenen Sträuchern (u. a. Hasel, Weide, Weinstock) und an niederen Pflanzen.

J	F	M	A	M	J	J	A	S	O	N	D

§ *Anthaxia nitidula* **Zierlicher Prachtkäfer**

1

2

3

3er-Check

1 Klein, von gedrungener Gestalt, mit großem Kopf

2 Männchen metallisch grün

3 Weibchen mit kupferrotem Kopf und Halsschild

Merkmale: Der Zierliche Prachtkäfer ist zwar nur 5–7 mm lang, er fällt jedoch durch seine leuchtenden Farben auf. Seine Gestalt ist flach und gedrungen. Der Kopf ist im Halsschild halb versteckt, die Augen sind groß. Das Halsschild ist rechteckig, breiter als lang und gerunzelt. Die Flügeldecken sind dicht nadelstichartig punktiert. Beim Männchen ist die Oberseite irisierend grün, zum Hinterende hin bisweilen erzfarben. Beim Weibchen sind Kopf und Halsschild goldgrün, messingfarben oder purpurrot mit metallischem Glanz, die Flügeldecken blaugrün.

Vorkommen: Besonders in wärmeren Regionen verbreitet; in Wäldern und Obstgärten.

Lebensweise: Im Frühling sitzen die Käfer bei Sonnenschein meistens auf gelben Blüten. Sie fliegen bei der geringsten Beunruhigung blitzschnell davon, kehren jedoch gern in die Nähe des alten Standortes zurück. Die Weibchen legen ihre Eier in die Rinde von verschiedenen Obstbäumen und von Schlehen. Dort lebt die Larve zunächst im Bast und frisst sich später ins Holz. Durch intensive Schädlingsbekämpfung im Obstbau ist der Bestand der Art stark zurückgegangen.

| J | F | M | A | M | J | J | A | S | O | N | D |

Siebenpunkt *Coccinella septempunctata*

3er-Check

1 Klein, gewölbt, mit rundem Körperumriss

2 Flügeldecken rot, mit 7 schwarzen Flecken

3 Halsschild schwarz, mit 2 weißen Flecken

Merkmale: Kleiner, hoch gewölbter, unterseits flacher Käfer von 5,5–8 mm Länge. Unverwechselbarer »Glückskäfer« mit gelb- bis ziegelroten Flügeldecken, die 7 kräftige, dunkle Punkte tragen. Der Kopf ist schwarz, klein und verschwindet fast unter dem Halsschild. Letzteres ist ebenfalls schwarz, mit je 1 weißen bis gelblichen, rechteckigen Fleck an den Vorderecken. Der Ansatz der Flügeldecken ist an der Naht oft ebenfalls etwas weiß, die Unterseite und die Beine sind schwarz.

Vorkommen: Fast überall häufig; an Pflanzen mit Blattläusen.

Lebensweise: Neben dem Maikäfer ist der Siebenpunkt als »Marienkäfer« zweifellos der populärste Käfer. Schon im zeitigen Frühjahr verlässt er sein Winterquartier. Seine Hauptnahrung sind verschiedene Blattläuse und andere Insekten sowie deren Larven. Ein Weibchen legt bis zu 600 Eier in kleinen Gruppen in der Nähe von Blattlauskolonien ab. Die Larven (S. 224) entwickeln sich in 6–10 Wochen und können pro Kopf bis zu 800 Blattläuse fressen. Zur Verpuppung spinnen sie ihr Hinterende an einem Zweig, einem Blatt oder einer Mauer fest. Die Puppenruhe dauert nur wenige Tage und es entwickeln sich 2 Generationen jährlich.

J	F	M	A	M	J	J	A	S	O	N	D

Adalia bipunctata **Zweipunkt**

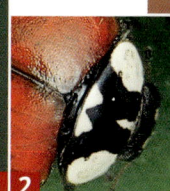

3er-Check

1 Klein, Gestalt wie alle Marienkäfer, meist 2 schwarze »Punkte« (Name)

2 Kopf und Halsschild mit weißer Zeichnung

3 Schwarze Zeichnung der Flügeldecken teilweise weit ausgedehnt

Merkmale: Lebhaft gefärbter, 3,5–5,5 mm langer, von der Gestalt her leicht quer-ovaler Marienkäfer, dessen Färbungsmuster sehr stark variiert. Der Kopf ist schwarz, mit gelben Fühlern und 2 gelben Flecken auf der Stirn. Das gebogen-rechteckige, breite Halsschild ist schwarz, mit weißlichen oder gelblichen Randzonen und 2 gelben, miteinander verschmelzenden Flecken am Hinterrand. Die Flügeldecken sind rot, jederseits mit einem schwarzem Fleck. Die schwarze Färbung kann sich auch von dort bandartig nach allen Richtungen ausdehnen und große Teile der Flügeldecken überziehen bis hin zu fast schwarzen Käfern, bei denen nur noch kleine Winkel an den Vorderecken und 2 kleine Punkte auf den Flügeldecken rot bleiben.

Vorkommen: Häufig und überall verbreitet.

Lebensweise: Der Zweipunkt ist ein eifriger Blattlausvertilger, der auch Blattlaus-Arten, die andere Marienkäfer meiden – wie z. B. die Schwarze Holunderblattlaus – überfällt. Die unterschiedlichen Färbungsmuster sind genetisch bedingt und kommen in unterschiedlicher Häufigkeit in ein und derselben Population nebeneinander vor.

| J | F | M | A | M | J | J | A | S | O | N | D |

Augenmarienkäfer *Anatis ocellata*

1

2

1 Flügeldecken rot mit schwarzen, gelb umrandeten »Augen«

2 Halsschild schwarz mit weißer oder gelber Zeichnung

2er-Check

Merkmale: Mit einer Körperlänge von 8–9 mm unser größter Marienkäfer. Von Gestalt hoch gewölbt, unterseits flach, fällt durch seine Zeichnung auf. Der rundliche Kopf ist schwarz mit zwei weißen Augenflecken. Das Halsschild ist breit, mit nach vorne gezogenen Vorderecken, schwarz gefärbt mit weißen bis gelblichen Rändern und Flecken. Die leuchtend roten Flügeldecken klaffen am Hinterende der Naht auseinander und tragen »Augen« (Name!), d.h. schwarze Flecken mit gelber Umrandung.

Vorkommen: Häufiger und weit verbreiteter Waldbewohner; besonders in Nadel- und Mischwäldern, außerdem auf Pappeln und in Gärten auf Obstbäumen.

Lebensweise: Der Augenmarienkäfer und seine Larven sind eifrige Blattlausvertilger, fressen aber auch Blattwespenlarven und sind im Forst sehr nützlich. Die Käfer überwintern, oft in größeren Gesellschaften, unter Rinde oder am Boden unter der Nadelstreu und im Falllaub. In Blattlausjahren kommt es gelegentlich zu einer Massenvermehrung. Da Marienkäfer sehr gut fliegen können, bilden sich dann Schwärme, die sich weit, auch über das Meer ausbreiten und zuweilen in Menge an den Küsten angespült werden.

J	F	M	A	M	J	J	A	S	O	N	D

Thea vigintiduopunctata **Zweiundzwanzigpunkt**

1

2er-Check

1 Sehr klein, Gestalt halbkugelig, Grundfarbe zitronengelb

2 Flügeldecken mit 22 schwarzen Flecken

2

Merkmale: Im Körperumriss fast kreisrunder, 3–4,5 mm langer, hoch gewölbter Marienkäfer. Auf zitronengelber Grundfarbe sind Halsschild und Flügeldecken schwarz gefleckt. Der Kopf ist weitgehend unter dem Halsschild versteckt; er ist, wie auch die Fühler und die Beine, ebenfalls gelb. Auf dem Halsschild befinden sich in der Mitte 2 runde, seitlich 2 ovale schwarze Flecken; am Hinterrand liegt ein dreieckiger schwarzer Fleck, dessen Spitze nach vorne weist. Jede der Flügeldecken trägt 11 unregelmäßig runde schwarze Flecken (Name!).

Vorkommen: Weit verbreitet vom Flachland bis ins Gebirge; insbesondere an wärmebegünstigten Standorten sehr häufig.

Lebensweise: Dieser kleine, gelbe Marienkäfer ist kein Räuber: sowohl die Larven als auch die Käfer leben von Mehltaupilzen, die sie auf Rosen und anderen Pflanzen aufsuchen und verzehren. Bei Gefahr pressen Käfer und Larven, wie das allen Marienkäfern möglich ist, aus Poren und den Beingelenken eine gelbe, stark riechende Blutflüssigkeit aus, die sie für viele Fressfeinde ungenießbar macht. Die Käfer überwintern oft in großen Gesellschaften im Falllaub, unter Holz, Rinde oder in Gebäuden.

J	F	M	A	M	J	J	A	S	O	N	D

Lilienhähnchen *Lilioceris lilii*

3er-Check

1 Klein, mit breiten, roten Flügeldecken

2 Kopf und Beine schwarz; Halsschild rot, mittig eingeschnürt

3 Flügeldecken mit Längsreihen dunkler Grübchen

Merkmale: 6–9 mm langer, überwiegend roter Blattkäfer. Kopf, Fühler, Körper und Beine sind schwarz, Brust und Flügeldecken glänzen wie gelackt zinnoberrot. Kopf und Halsschild sind schmal, der Kopf mit eingeschnürtem Hals, 2 Stirnhöckern und großen, kugeligen Augen. Das Halsschild ist in der Mitte ringförmig eingeschnürt. Die Flügeldecken sind an den Schultern breit und werden nach hinten nur wenig breiter. Ihre Oberfläche ist längs von lockeren, feinen, schwarzen Punktreihen überzogen.

Vorkommen: Weit verbreitet und nicht selten in lichten Laubwäldern und in Gärten.

Lebensweise: Die Käfer leben an verschiedenen Liliengewächsen (u.a. Madonnen- und Türkenbund-Lilie, Kaiserkrone, Schachblume, Maiglöckchen). Bei Störung beginnen sie, wie die nahe verwandten Spargelhähnchen, hörbar zu zirpen (Name!). Ihre rötlichen Eier werden in Gruppen an Blattunterseiten angeheftet und vom Weibchen mit Kot bedeckt. Die roten Larven haben den After auf dem Rücken und tarnen sich ebenfalls mit Kot. Käfer und Larven richten an Blättern und Blüten auffallende, schwere Fraßschäden an und bringen es auf bis zu 3 Generationen im Jahr.

J	F	M	A	M	J	J	A	S	O	N	D

Melasoma populi **Pappelblattkäfer**

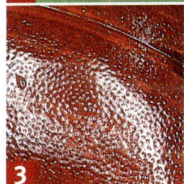

1 Recht großer, hoch gewölbter, zweifarbiger Käfer

2 Kopf, Halsschild und Beine schwarz

3 Flügeldecken rot, diffus nadelstichartig punktiert

3er-Check

Merkmale: 10–12 mm großer, breit gerundeter und hoch gewölbter, Blattkäfer mit blauschwarzem Kopf, Halsschild und Schildchen. Fühler und Beine sind schwarz, die Flügeldecken gleichmäßig gelbrot, am Ende neben der Naht mit schwarzer Spitze. Das Halsschild umfasst den Hinterrand des breiten Kopfes. Beide sind diffus, sehr fein punktiert, ebenso die Flügeldecken. Letztere sind breiter als das Halsschild und außen mit einem feinen, durch eine einfache Punktreihe abgesetzten Wulst versehen.

Vorkommen: Sehr weit verbreitet und häufig; in Auwäldern, Laubwäldern, Parkanlagen und Alleen.

Lebensweise: Die Käfer erscheinen im Mai, nachdem sie unter Laub und Moos am Boden überwintert haben und legen ihre Eier an die Unterseite von Blättern der Pappeln und Weiden. Die Larven fressen die Blätter bis auf die Rippen. Sie haben an ihren Hinterleibssegmenten jeweils 1 Paar von Drüsen, mit denen sie, falls man sie stört, ein stark riechendes Sekret auspressen und bei Beruhigung wieder einziehen. Sie verpuppen sich wie Marienkäfer als frei kopfunter hängende »Stürzpuppe«. Im August hat sich dann eine zweite Generation entwickelt, die überwintert.

J	F	M	A	M	J	J	A	S	O	N	D

Johanniskraut-Blattkäfer *Chrysomela varians*

2 **1**

3er-Check

1 Kleiner, einfarbiger, meist glänzend grüner Blattkäfer

2 Flügeldecken dicht und fein nadel-stichartig punktiert

3 Auch einfarbige blaue (Bild) und rote Farbvarietäten

Merkmale: Rundlicher, nur 4,5–6 mm langer Blattkäfer. Der Körper ist kaum länger als breit und hoch gewölbt. Kopf klein. Das Hals-schild hat einen nur durch gröbere Punkte angedeuteten, jedoch nicht abgesetzten Wulst an den Seiten. Die Oberseite ist unbehaart, dicht punktiert, mit Metallglanz. Die stets einheitlich gefärbten Käfer sind entweder grün, blau bis violett oder kupferrot. Am häu-figsten tritt die grüne Form auf, die blaue ist seltener und die rote Farbvarietät die seltenste.

Vorkommen: Auf Ödflächen, Wiesen, Schutthalden, an Weg- und Waldrändern; nicht selten und weit verbreitet.

Lebensweise: Die Käfer leben auf Johanniskrautgewächsen meist in der Nähe der Blütenstände. Werden sie gestört, so lassen sie sich zu Boden fallen. Die Larven schlüpfen sofort aus den frisch geleg-ten Eiern. Sie sind schwarz, unscheinbar und leicht zu übersehen. Während des Sommers entstehen mehrere Generationen, wobei die Farbe der Käfer genetisch festgelegt ist. Man kann sie leicht züchten und an der Häufigkeit der Farbvarietäten oder durch gezieltes Kreuzen an ihnen die Regeln dominanter und rezessiver Merkmale bei der Vererbung zeigen.

J	F	M	A	M	J	J	A	S	O	N	D

Leptinotarsa decemlineata # **Kartoffelkäfer**

1

2er-Check

1 Mittelgroß, kräftig, schwarz-gelb längs gestreifte Flügeldecken

2 Halsschild bräunlich mit schwarzen Flecken

2

Merkmale: Gedrungener, 6–10 mm langer, hoch gewölbter Blattkäfer. Kopf und Halsschild sind gelb bis orangegelb und haben ein variables Muster schwarzer Flecken. Die Fühler sind überwiegend schwarz, die Beine orange bis gelb mit schwarzer Zeichnung. Die Flügeldecken sind weißgelb bis gelb mit geschwärzten Rändern und jederseits 4 schwarzen Streifen.

Vorkommen: Ab 1877 aus Nordamerika gelegentlich eingeschleppt, seit 1922 in Westeuropa und seit 1936 in Mitteleuropa heimisch. Auf Kartoffelfeldern weit verbreitet und örtlich sehr häufig.

Lebensweise: Die Käfer erscheinen im April/Mai. Sie beginnen an jungen Kartoffelpflanzen zu fressen und Eier zu legen. Ein Weibchen produziert mehrere tausend Eier und die gefräßigen Larven (S. 223) entwickeln sich schnell. Der Entwicklungskreis von Eiablage bis zum Schlüpfen neuer Käfer dauert nur 6–7 Wochen. So beginnt bereits im Juli eine zweite Generation Eier zu legen. Verbunden mit dem Wandertrieb kam so die fast weltweite Ausbreitung des »Coloradokäfers« zustande, nachdem er in Colorado/USA die aus Südamerika importierte Kartoffelpflanze statt einem anderen Nachtschattengewächs zur Nahrung erkoren hatte.

J	F	M	A	M	J	J	A	S	O	N	D

Grüner Schildkäfer *Cassida viridis*

1

2

2er-Check

1 Schildförmig, flach, grün

2 Halsschild und Flügeldecken mit feinen Grübchen

Merkmale: Schildförmiger, allseits gerundeter, flacher, 7–10 mm großer grüner Käfer. Das Brustschild ist so verbreitert, dass es den Kopf völlig verdeckt. Nur die schwärzlichen Fühler und die Vorderfüße sehen unter ihm heraus. Die Flügeldecken sind in gleicher Weise abgeflacht, verbreitert und schließen mit vorgezogenen Seitenecken an das Halsschild. Seitlich können die Mittel- und Hinterfüße sichtbar werden. Das Schildchen ist klein. Der Vorderrand des Kopfschildes und die Seitenränder der Flügeldecken haben einen feinen, silberglänzenden Außenrand. Von unten betrachtet ist der Körper des Käfers schwarz.

Vorkommen: Verbreitet und nicht selten; auf Wiesen und in Gärten.

Lebensweise: Die Käfer und Larven leben miteinander frei auf verschiedenen krautigen Pflanzen wie z. B. Salbei, Brennnessel, Minze, Disteln und anderen Korbblütlern. In deren Blätter fressen die Käfer und deren Larven große Löcher. Die Larve sieht eigentümlich aus: Sie ist fein bestachelt und hat am Hinterende 2 lange, bewegliche Dornen. Auf diesen trägt sie wie einen Schirm Kot und Larvenhäute mit sich, offenbar als Schutz und Abwehrwaffe gegen kleine, räuberische Insekten wie z. B. Ameisen.

J	F	M	A	M	J	J	A	S	O	N	D

Brachinus explodens # Bombardierkäfer

3er-Check

1 Kleiner Käfer mit orangerotem Kopf, Beinen und Halsschild

2 Halsschild vorne breit, hinten schmal, Seiten geschweift

3 Flügeldecken metallisch grün bis blaugrün

Merkmale: Kleiner, 5–7,5 mm langer, zweifarbiger Laufkäfer. Kopf, Halsschild, Körper und Beine sind braunrot bis rot, die Flügeldecken glänzend blau bis blaugrün. Der langgestreckte Kopf hat seitlich stehende, große Augen und ist etwas breiter als das Halsschild. Die Fühler sind lang und geknotet. Kopf, Halsschild und Flügeldecken zeigen eine gleichmäßige, anliegende, feine Behaarung. Das Halsschild ist vorne breit und nach hinten verschmälert, seine Seitenlinie geschwungen. Die Flügeldecken haben runde Schultern, schwache Längsfurchen, sind leicht gewölbt, nach hinten verbreitert und am Ende abgestutzt.

Vorkommen: Verbreitet, nach Norden seltener, sonst häufig; auf Trockenhängen, an Feldrainen, Hecken und in lichten Wäldern.

Lebensweise: Die nachtaktiven, räuberischen Käfer halten sich auf warmen Lehm- und Kalkböden, tagsüber oft in größerer Anzahl unter Steinen auf. Ihre Larven leben parasitisch in anderen Insekten. Bemerkenswert ist die namengebende Fähigkeit der Käfer. Aus einer paarigen Drüse am Hinterleib können sie mit hörbarem Knall eine ätzend riechende, heiße Gaswolke ausstoßen, um kleine Feinde wie z. B. Ameisen abzuwehren.

J	F	M	A	M	J	J	A	S	O	N	D

Soldatenkäfer *Cantharis fusca*

3er-Check

1 Weichhäutiger, schlanker, rötlich und schwarz gefärbter Käfer

2 Kopf schwarz, Halsschild gelbrot mit schwarzem Fleck

3 Flügeldecken samtartig behaart

Merkmale: Schlanker parallelseitiger, 11–15 mm langer Weichkäfer. Der Körper ist dünnhäutig. Der Kopf hat eine längs gerichtete Beule zwischen den dünnen, langen Fühlern, ist vorne rot und ab den Augen schwarz. Das Halsschild ist breiter als lang, an den Seiten und hinten gerundet, rot mit einem schwarzen Fleck in der Mitte, der meist den Vorderrand, selten auch den Hinterrand erreicht. Die Beine sind schwarz, bisweilen gelblich angehaucht. Die langgestreckten, hinten gerundeten Flügeldecken sind schwarz, weich und biegsam und tragen eine gleichförmige Behaarung.

Vorkommen: Überall sehr häufig, u.a. auf Wiesen, Getreidefeldern, an Gebüschen, Wald- und Wegrändern, in Wäldern und Gärten.

Lebensweise: Die zahlreichen Arten der Weichkäfer versammeln sich gerne auf Blüten und jagen an Gräsern, im Gebüsch und auf Bäumen kleinere Insekten und deren Larven. Sie fliegen langsam, aber gut und können durch Benagen von Eichentrieben und Obstbaumblüten schädlich werden. Ihre bis 20 mm lange Larve trägt einen samtartig dichten, schwarzen Pelz und stellt im Boden vorwiegend Schnecken nach. Sie lebt im Winter unter Steinen, kriecht aber häufig auch auf der Oberfläche umher (»Schneewurm«).

J	F	M	A	M	J	J	A	S	O	N	D

Lamprohiza splendidula **Glühwürmchen**

3er-Check

1 Männchen gestreckt-schildförmig, schwarzgrau

2 Männchen und Weibchen mit Leuchtfeldern unter dem Hinterleib

3 Weibchen gelbbraun, larvenähnlich und flügellos

Merkmale: Das Männchen ist ein 8–10 mm großer, langgestreckter, mittel- bis schwarzbrauner Käfer, dessen Kopf mit seinen großen Augen bis auf die kurzen Fühler unter dem Halsschild versteckt liegt. Das Halsschild hat vorne 2 glasig durchsichtige Fensterfelder. Die Flügeldecken sind lang, parallel, haben eine feine, runzlige Oberfläche, 2–4 schwache, verkürzte Rippen und eine unauffällige Behaarung. Auf der Unterseite befindet sich mitten auf dem 5. und 6. Segment ein großer Leuchtapparat. Das einer Larve ähnliche Weibchen hat ebenfalls ein Halsschild mit 2 Fensterfeldern. Seine Flügeldecken sind jedoch nahezu völlig zurückgebildet, wodurch der gelblichweiße Hinterleib frei liegt. An der Unterseite befinden sich in wechselnder Anordnung zahlreiche kleine Leuchtflecke.

Vorkommen: Verbreitet und nicht selten; an feuchten Wiesen und Gebüsch.

Lebensweise: Die Weibchen locken mit Hilfe des tags gespeicherten Leuchtstoffes Luciferin nachts die Männchen an. Die Umwandlung des Luciferin durch Luciferase erzeugt für ca. 3 Stunden ein kaltes Licht. Beide Geschlechter leben ohne Nahrung. Die Larven fressen während ihrer 3-jährigen Entwicklung Schnecken.

| J | F | M | A | M | J | J | A | S | O | N | D |

Schenkelkäfer *Oedemera nobilis*

3er-Check

1 Sehr schlanker Käfer mit langen Fühlern und breiten Schultern

2 Flügeldecken an der Mittellinie auseinandergespreizt

3 Männchen mit keulig verdickten Hinterschenkeln

Merkmale: Schlanker Käfer von 8–11 mm Körperlänge und metallisch schimmernder goldgrüner bis blaugrüner Farbe. Der gestreckte Kopf trägt lange, fadenförmige Fühler und große, ovale Augen. Er ist, wie auch der Hinterabschnitt des Halsschildes, dicht grob punktiert. Der vordere Abschnitt des Halsschildes ist flach und sehr grob gerunzelt. Die weichen Flügeldecken sind vorne breit, mit einzelnen Rippen und verengen sich nach dem ersten Drittel an einer Einbuchtung stark nach hinten. Dadurch klafft die Naht weitgehend und lässt die Hinterflügel sichtbar werden. Die Beine der Weibchen sind schlank, während die Hinterbeine der Männchen stark keulenförmig aufgetriebene Hinterschenkel haben.

Vorkommen: Weit verbreitet und örtlich häufig; auf blumenreichen Wiesen und an Waldrändern. Nach Norden zu selten werdend.

Lebensweise: Die bockkäferähnlichen Schenkelkäfer findet man häufig zusammen mit Blütenböcken auf Doldenblüten und anderen Wiesenblumen sowie an blühenden Sträuchern. Dort fressen sie Blütenpollen. Sie sind lebhafte, gute Flieger. Auch die Larven ähneln denen der Bockkäfer, leben jedoch vegetarisch in trockenen Stängeln und im oberen Wurzelbereich verschiedener Stauden.

J	F	M	A	M	J	J	A	S	O	N	D

Pyrochroa coccinea **Feuerkäfer**

1 Schlank, Halsschild und Flügeldecken rot

2 Kopf und Beine schwarz, Fühler gesägt (Weibchen)

3 Flügeldecken nach hinten tropfenförmig verbreitert

3er-Check

Merkmale: Rot-schwarzer Feuerkäfer von 11–18 mm Lange mit nach hinten stark verbreitertem Körperumriss. Kopf klein, schwarz, in der Mitte braunrot. Männchen mit rechteckiger Delle auf der Stirn und langen, gekämmten Fühlern. Beim Weibchen hat der Kopf einen Quereindruck und die Fühler sind nur gesägt. Das gerundete Halsschild ist feuerrot, ebenso die Flügeldecken. Der übrige Körper und die langen Beine sind schwarz. Die ganze Oberseite trägt eine feine, samtartige Behaarung.

Vorkommen: Weit verbreitet und stellenweise häufig; in Laub- und Mischwäldern, auf Lichtungen sowie an Waldrändern.

Lebensweise: Feuerkäfer findet man häufig in Wäldern an toten Baumstämmen und an morschen Ästen sowie auf Blumen und blühenden Sträuchern, wo sie kleinere Insekten und Pollen fressen. Ihre Larven sind hell gelbbraun, langgestreckt und abgeplattet. Sie haben kurze Beine, nach vorne gerichtete Mundwerkzeuge und am Hinterende 2 dornartige, chitinige Fortsätze. Unter der Rinde von Stubben und toten Buchen-, Eichen-, Birken- und Kiefernstämmen jagen sie hauptsächlich Larven von Bock- und Prachtkäfern, verschmähen aber wohl auch Pflanzenkost nicht.

J	F	M	A	M	J	J	A	S	O	N	D

Immenkäfer *Trichodes apiarius* §

2 1

3

3er-Check

1 Groß, langgestreckt, blauschwarz-rot gezeichnet

2 Flügeldecken rot, 2 Querbänder und Hinterende schwarz

3 Körper, Beine und Flügeldecken behaart

Merkmale: Auffallend blauschwarz-rot gefärbter Buntkäfer von 9–16 mm Länge und gestreckter Gestalt. Die Fühler sind am Grund gelb, vorne dunkel in einer 3-gliedrigen Keule. Die kugeligen Augen sitzen seitlich am gestreckten Kopf, der, wie auch Halsschild und Beine, metallisch glänzend blau bis blauschwarz gefärbt ist. Das Halsschild ist lang, vorne am breitesten und nach hinten vasenförmig verengt. Der gesamte Körper einschließlich der Flügeldecken ist mit gelblichen, aufrecht stehenden, rauen Haaren überzogen. Die Flügeldecken sind rot bis gelbrot mit 2 samtartig mattschwarzen, gewellten Querbinden und ebensolchem Hinterende.

Vorkommen: Verbreitet aber recht selten; an Waldrändern, in Sandgruben und in der Nähe von Dörfern.

Lebensweise: Dieser auch als »Bienenwolf« (S. 168 namensgleiche Grabwespe!) bezeichnete Buntkäfer ist meist in der Nähe von Siedlungen zu finden, wo er häufig auf Blüten kleinen Insekten nachstellt. Seine Larven leben in den Nestern einiger solitärer Bienen und in Bienenstöcken. Dort fressen sie Larven und Puppen ihrer Wirte und wagen sich auch an altersschwache Bienen heran. Der durch sie dem Imker entstehende Schaden ist allerdings gering.

J	F	M	A	M	J	J	A	S	O	N	D

Thanasimus formicarius **Ameisen-Buntkäfer**

1 Kleiner, schwarz-roter Käfer, mit 2 weißen Zickzackbändern

2 Halsschild rot, Flügeldecken am Ansatz rot

3 Beine mit kräftigen, abstehenden Borsten

3er-Check

Merkmale: Schwarz-weiß-rot gefärbter, 7–10 mm großer Buntkäfer von parallelseitig-zylindrischer Gestalt, der grob an eine Rote Waldameise (S. 182) erinnert. Der rundliche Kopf ist am Vorderrand tief eingebuchtet, hat seitlich neben einer breiten Stirn sitzende, große Augen und 2 am Ende locker verbreitete Fühler. Er ist, wie der vordere Abschnitt des Halsschildes, schwarz. Der hintere, durch eine doppelbuchtige Furche herzförmig abgeschnürte Teil des Halsschildes ist hellrot, ebenso der vordere Bereich der Flügeldecken. In der Mitte und hinten tragen die Flügeldecken 2 weiße Zickzack-Bänder auf samtschwarzem Untergrund.

Vorkommen: Verbreitet und häufig in Kiefern- und Fichtenwäldern.

Lebensweise: Dieser auch als »Borkenkäferfresser« bezeichnete Buntkäfer erscheint an den ersten heißen Frühlingstagen. Er macht dann Jagd auf die gleichzeitig erscheinenden Borkenkäfer und gilt als Hauptfeind des »Großen Waldgärtners« *(Blastophagus piniperda).* Die Larve lebt unter der Rinde, ist anfangs stark behaart und frisst Mulm. Später stellt sie vor allem den Larven der Borkenkäfer nach und färbt sich rosarot um. Sie verpuppt sich meist im Herbst, doch überwintern auch Larven und Käfer.

J	F	M	A	M	J	J	A	S	O	N	D

Dickmaulrüssler *Otiorrhynchus clavipes*

2 **1**

1 Mittelgroß, kräftig

2 Kopf mit sehr kurzem, vorn verbreitertem Rüssel

3 Flügeldecken mit groben Längsreihen von Gruben

3er-Check

3

Merkmale: Kräftiger, brauner Kurzrüssler von 11–13 mm Körperlänge. Der Kopf ist kurz und breit, mit kleinen, rundlichen, seitenständigen Augen. Der Rüssel ist im Vergleich deutlich kürzer als das Halsschild und an der Spitze muschelförmig verbreitert. Die Fühler sind nahe der Rüsselspitze eingelenkt und am langen 1. Fühlerglied gekniet. Das Halsschild ist braun, aufgewölbt, nach hinten verschmälert, nadelstichartig punktiert und gekörnt. Die kahlen, glänzend braunen Flügeldecken sind gleichmäßig hoch gewölbt und im Umriss lang-herzförmig.

Vorkommen: Sehr weit verbreitet und nicht selten; in verschiedenen Lebensräumen, auch in Gärten und Blumenschalen.

Lebensweise: Die zahlreichen Arten der Gattung sind sehr schwer zu unterscheiden. Sie fressen nachts an verschiedenen krautigen Pflanzen und halten sich tags auf Sträuchern und Bäumen in der Nähe der Futterpflanzen auf. Männchen sind selten, die meisten Larven (S. 222) stammen aus unbefruchteten Eiern. Sie leben in Knollen und Wurzeln und schädigen die Pflanzen erheblich. In Gärten und Blumenkästen richten sie oft Schäden an.

J	F	M	A	M	J	J	A	S	O	N	D

Liparus glabirostris **Pestwurzrüssler**

1 Groß, rundlich, mit schwarzer Grundfarbe

2 Halsschild und Flügeldecken mit hellen Haarflecken

3 Rüssel von mittlerer Länge

3er-Check

Merkmale: Größter einheimischer Rüsselkäfer mit einer Länge von 17–21 mm. Der Körper ist leicht gestreckt und trägt auf schwarzem, glänzendem Untergrund zahlreiche Flecken von gelben Haarschuppen. Der Kopf ist kurz und breit, mit nach vorn gerichteten, kleinen Augen. Der breite Rüssel, nach unten vorgezogen, hat etwa die Länge des Halsschildes und ein verbreitertes, abgerundetes Vorderende. Die Fühler sitzen weit vorne, sind an langem Schaft gekniet, mit spitzer Keule am Ende. Die Brust ist groß und kräftig, etwas länger als breit, grübchenartig punktiert und hat seitlich je 2 Dellen sowie eine gegabelte, vorn unterbrochene Schuppenbinde. Die Schenkel sind leicht verdickt und die Vorderschienen tragen eine Reihe spitzer Zähnchen. Die Flügeldecken sind rund, hoch gewölbt und gerunzelt, mit gelben Haarflecken.

Vorkommen: In schattigen, feuchten Wäldern der Mittelgebirge und Alpen; verbreitet und stellenweise häufig.

Lebensweise: Die Käfer fressen Blätter von Pestwurz, Huflattich und Bärenklau. Sie leben bodennah, denn es fehlen ihnen die Hinterflügel und sie können daher, wie viele Rüsselkäfer, nicht fliegen. Die Larve entwickelt sich im Wurzelstock der Pestwurz.

J	F	M	A	M	J	J	A	S	O	N	D

Haselnussbohrer *Curculio nucum*

3er-Check

1 Rundlich-ovaler, brauner Körper

2 Langer, gebogener Rüssel; Fühler etwa in der Mitte sitzend

3 Dicht mit braunen bis gelblichen Schuppen bedeckt

Merkmale: Rüsselkäfer von 6-8,5 mm Körperlänge, die von der Länge des schlanken Rüssels erreicht bzw. beim Weibchen sogar übertroffen wird. Der Rüssel ist an der Spitze nach unten gebogen. Kurz vor der Mitte setzen die geknieten, langen Fühler an. Der gesamte Körper ist gerundet, lang-oval und hoch, gelbbraun bis braun und unregelmäßig fleckig hellgrau oder gelblich beschuppt. Die Vorderschenkel haben innen einen kräftigen Zahn.

Vorkommen: Verbreitet und nicht selten; an Waldrändern, Hecken, in Parkanlagen und Gärten.

Lebensweise: Die Käfer erscheinen im Mai und fressen an Blättern verschiedener Sträucher und jungen Früchten von Obstbäumen. Zur Eiablage bohrt das Weibchen mit seinem Rüssel junge Haselnüsse an und legt in jede 1 Ei. Das Bohrloch verwächst, und die Larve ernährt sich in der heranreifenden Nuss vom Frucht-kern. Die Nuss fällt vorzeitig im Spätsommer zu Boden, die Larve frisst ein kreisrundes Loch in die harte Schale und verlässt die Nuss, um sich im Boden zu vergraben. In einer Tiefe von 10–25 cm überwintert sie, wobei sie bis zu 3 Jahre überliegen kann. Erst kurz vor dem Schlüpfen im folgenden Frühjahr verpuppt sie sich.

J	F	M	A	M	J	J	A	S	O	N	D

Ips typographus **Buchdrucker**

1

2

3

3er-Check

1 Kurz, walzenförmig, mit großem, halbkugeligen Halsschild

2 Hinterende abgeschrägt, mit 4 seitlichen Zähnchen (»Bagger«)

3 Kopf, Halsschild und Flügeldecken abstehend behaart

Merkmale: Sehr kleiner, nur 2,2–3,5 mm langer, walzenförmiger Borkenkäfer von rotbrauner bis schwarzbrauner Farbe. Der Kopf ist kurz und liegt weitgehend unter dem Halsschild versteckt. Das hoch gewölbte Halsschild ist etwa so breit wie lang, an den Ecken abgerundet. Seine Oberfläche ist, wie die des Kopfes, unregelmäßig grob bis fein punktiert. Der gesamte Körper glänzt und ist abstehend behaart. Die Flügeldecken haben längs gerichtete Punktreihen und sind an ihrem Ende durch eine mit 4 Zähnchen besetzte Kante schräg und konkav als »Bagger« abgestutzt.

Vorkommen: In Wäldern überall häufig, gelegentlich massenhaft.

Lebensweise: Dieser bedeutendste Forstschädling unter den Borkenkäfern legt unter der Rinde von Fichten, seltener von Kiefern und Tannen, seine Brutgänge an. Das polygame Männchen lockt bis zu 4 Weibchen in eine so genannte »Rammelkammer«. Jedes Weibchen legt dann einen 6–15 cm langen Gang an, mit Ei-Nischen in regelmäßigen Abständen. Von dort fressen die Larven 5–6 cm lange, zunehmend breiter werdende Gänge. 2 Generationen pro Jahr und eine 2-jährige Lebensdauer können zu Massenvermehrung und, bei Wind- und Schneebruch, zu großen Waldschäden führen.

J	F	M	A	M	J	J	A	S	O	N	D

Speckkäfer *Dermestes lardarius*

1 Klein, Gestalt gestreckt, hinten gerundet

2 Schwarz mit gezackter, grauer Querbinde

3 Halsschild mit kleinen Haarflecken

3er-Check

Merkmale: Kleiner, 7–9,5 mm langer, gestreckter Käfer mit etwa parallelen Seiten. Der Kopf ist breit, mit hellbraunen Fühlern, deren letzte 3 Glieder verbreitert sind. Kopf und Halsschild sind punktiert und, wie auch die Beine, schwarz. Auffallend ist die Zeichnung der Flügeldecken: vordere Hälfte rotbraun, mit einer dicht deckenden, graugelben Behaarung und gezackter Hinterrand; nur der Ansatz und jeweils 3 Punkte in der vorderen Hälfte sind dunkel; hintere Hälfte der Flügeldecken dunkel behaart.

Vorkommen: Weltweit verbreitet und häufig in Häusern und Lagerschuppen. Im Freiland in Vogelnestern, Taubenschlägen und an eingetrockneten organischen Resten wie Tiermumien und Fellen.

Lebensweise: Der Speckkäfer ist ein Kulturfolger, der als Schädling an getrocknetem Fleisch, Speck (Name!), Häuten, Leder und Fellen gefürchtet ist. Es sind hauptsächlich die bis 16 mm langen, walzenförmigen, starke Borsten tragenden Larven, die in den Sommermonaten an diesen Stoffen Fraßschäden hervorrufen. Sie verpuppen sich in Holz oder Sägmehl und überwintern. Im Frühjahr suchen dann die Käfer, die gut fliegen, neue Nahrungsquellen auf.

J	F	M	A	M	J	J	A	S	O	N	D

Anthrenus verbasci **Museumskäfer**

1

1 Sehr klein, Gestalt nahezu kugelig, bunt gemustert

2 Flügeldecken mit gezackten Querbändern aus braunen und weißen Schuppen

2er-Check

2

Merkmale: Sehr kleiner, nur 1,7–3,5 mm langer, nahezu kugeliger Käfer von hübschem, buntem Aussehen. Bei Gefahr schlägt er die Beine ein, sodass er rollt. Der Kopf ist breit, mit kleinen Augen und kurzen Fühlern, der Ansatz der Flügeldecken V-förmig. Auf dunkelbrauner Grundfärbung ziert die gesamte Körperoberfläche ein Muster aus hellbraunen und weißen Schuppen, die in Flecken und Querbändern angeordnet sind.

Vorkommen: Sehr häufig und weltweit verbreitet.

Lebensweise: Die Käfer leben im Frühjahr und Sommer auf verschiedenen Blüten, wo sie Pollen und Nektar fressen (anderer Name: Wollkrautblütenkäfer). Man findet sie auch häufig an Fenstern, da sie dem Licht zustreben. Die Larven sind braun, weißlich quer gegliedert und sehr stark behaart. An ihrem Hinterende tragen sie Büschel von spröden Pfeilhaaren, die sie zur Verteidigung aufrichten können. Sie leben von organischen Stoffen und richten in Wohnungen an Kleidungsstücken und Teppichen ähnliche Schäden an wie Motten. Größte Schäden entstehen in Museen (Name!), wenn sie in Schränke und Kästen eindringen und über wertvolle Sammlungen z. B. von getrockneten Insekten herfallen.

J	F	M	A	M	J	J	A	S	O	N	D

Gewöhnlicher Schnellkäfer *Athous haemorrhoidalis*

1 Mittelgroß, schlank, langgestreckt

2 Halsschild mit spitzen Hinterenden

3 Dunkelbraun bis schwarz, fein behaart

3er-Check

Merkmale: 9,5–15 mm großer Schnellkäfer mit braunschwarzer bis schwarzer Grundfarbe. Die Fühler sind dünn, das Halsschild ist lang, fast parallelseitig, matt schwarz, stark und dicht punktiert. Beine und Flügeldecken meist etwas aufgehellt, Bauch an den Seiten rötlich gerandet. Der gesamte Körper ist fein hell behaart; die Behaarung ist von hinten nach vorne gerichtet.

Vorkommen: Weit verbreitet, häufig bis sehr häufig in verschiedenen Lebensräumen.

Lebensweise: Die Larve (»Drahtwurm«, S. 223) lebt sowohl unter Laub und Moos im Boden als auch unter der Rinde abgestorbener Bäume. Sie frisst Larven und Puppen anderer Insekten und Pflanzenwurzeln, weshalb sie als schädlich gilt. Die Käfer findet man im Frühjahr und Sommer an Weiden, Hasel und anderen Sträuchern. Werden sie gestört, stellen sie sich tot und lassen sich fallen. Fallen sie auf den Rücken, dann schnellen sie sich (Name!) mit Hilfe eines besonderen Brustgelenkes in die Höhe, um wieder auf die Beine zu kommen. In diesem Gelenk schnappt ein durch Muskelkraft gespannter Dorn in eine Grube, sodass plötzlich Vorder- und Hinterkörper gegen die Unterlage schlagen.

J	F	M	A	M	J	J	A	S	O	N	D

Ampedus sanguineus **Blutroter Schnellkäfer**

1 Groß, spindelförmig schlank, Kopf und Halsschild schwarz

2 Fühler deutlich gesägt

3 Flügeldecken rot, mit Punktreihen

3er-Check

Merkmale: 12–17,5 mm großer Schnellkäfer mit schwarzer Grundfarbe und zinnober- bis blutroten (sehr selten gelben) Flügeldecken. Am breiten, kurzen, nach unten geneigten Kopf sitzen lange, gesägte Fühler. Das Halsschild hat eine kurze Mittelfurche, ist glänzend schwarz, nach hinten verbreitert und dicht mit feinen Punktgruben übersät. Seine Hinterecken sind stark gekielt, sein Seitenrand trägt große, flache, genabelte Punkte. Die Behaarung von Halsschild, Flügeldecken und Unterseite ist ebenfalls schwarz, rau und von vorn nach hinten gerichtet. Längs über die Flügeldecken ziehen vertiefte, schwarze Punktreihen.

Vorkommen: Weit verbreitet und örtlich häufig; in Nadel- und Mischwäldern, bis ins Gebirge.

Lebensweise: Die Larven (»Drahtwurm«) leben mehrere Jahre zunächst als Mulmfresser in Kiefernstubben, besiedeln aber auch anderes abgestorbenes, morsches und faulendes Nadelholz. Später stellen sie dort den Larven von Bockkäfern und anderen Insekten nach. Die Käfer schlüpfen im August und leben etwa 1 Jahr. Man findet sie ebenfalls in Totholz sowie unter der Rinde alter Baumstämme. Bei warmem Wetter suchen sie Doldenblüten auf.

| J | F | M | A | M | J | J | A | S | O | N | D |

Mehlkäfer *Tenebrio molitor*

3er-Check

1 Mittelgroß, braun bis schwarz

2 Halsschild rechteckig, fein punktiert

3 Flügeldecken mit tiefen Punktreihen

Merkmale: Schlanker, mittelgroßer Käfer von 12–18 mm Länge und gestreckter, etwa parallelseitiger Gestalt. Die Körperfarbe ist mittelbraun bis fast schwarz, bei braunen Exemplaren ist der Kopf oft dunkler; er ist fast kugelig und trägt perlschnurartig gegliederte Fühler. Das Halsschild ist rechteckig, mit leicht aufgebogenen Seitenrändern und scharfen Hinterecken. Die deutlich gewölbten Flügeldecken tragen längs gerichtete, vertiefte Reihen von Punktgruben, sind fein gerunzelt und haben einen matten Fettglanz. Die Beine sind kräftig.

Vorkommen: Häufig und weltweit verbreitet oder verschleppt. Im Freiland in Baumstubben, mulmigem Holz und in Vogelnestern; als Kulturfolger in Mühlen, Wirtschaftsgebäuden und Wohnungen.

Lebensweise: Die Käfer leben von zersetztem Holz, Getreide, Mehl (Name!) und organischen Abfällen. Abends und in der Nacht fliegen sie umher und werden vom Licht angelockt. Ihre Larven, die »Mehlwürmer«, sind hell bis mittelbraun, wurmartig, mit kurzen Beinen und harter Kopfkapsel am Vorderende. Als Lebendfutter für Vögel, Terrarien- und Aquarientiere werden sie gezüchtet. Sie sind schnellwüchsig und bringen es auf mehrere Generationen jährlich.

J	F	M	A	M	J	J	A	S	O	N	D

Gyrinus substriatus **Taumelkäfer**

1

2er-Check

1 Klein, schwarz, lang-eiförmig

2 Flügeldecken mit zahlreichen nadelstichartigen Punktreihen

2

Merkmale: Länglich-eiförmige, 5–7 mm kleine, hoch gewölbte, schwarze Wasserkäfer. Der Kopf trägt kleine, stummelförmige Fühler und vollkommen in eine Über- und eine Unterwasserhälfte zweigeteilte Augen. Die Vorderbeine sind normal, die Mittel- und Hinterbeine zu perfekten Rudern umgestaltet: Alle Fuß- und Beinglieder sind stark abgeplattet, Schienen und Fußglieder fächerförmig mit feinen Ruderplättchen versehen, die sich automatisch durch den Wasserdruck beim Schlagen entfalten und schließen. Die Flügeldecken zeigen feine, längs gerichtete Punktreihen.

Vorkommen: Auf stehenden Gewässern, pflanzenreichen Gräben und ruhigen Fließgewässern; häufig und weit verbreitet.

Lebensweise: Taumelkäfer drehen, meist in größerer Zahl, unermüdlich ihre Kreise auf der Wasseroberfläche und tauchen blitzschnell unter, wenn sie gestört werden. Ihre zweigeteilten Augen ermöglichen ihnen, sowohl über als auch unter Wasser gleichzeitig zu sehen. Überwiegend leben sie von auf das Wasser gefallenen Insekten. Die Eier legt das Weibchen in Schnüren an Wasserpflanzen. Die schlanken Larven wühlen im Bodenschlamm nach Kleintieren und verpuppen sich über Wasser.

J	F	M	A	M	J	J	A	S	O	N	D

Gelbrandkäfer *Dytiscus marginatus*

2 **1**

1 Großer, breit-ovaler Schwimmkäfer (hier Männchen)

2 Halsschild rundum in gleicher Breite gelb gesäumt

3 Weibchen (Bild) mit gerieften Flügeldecken, Männchen glatt

3er-Check

3

Merkmale: Sehr großer, 30–35 mm langer Schwimmkäfer von breit-oval gerundeter Gestalt. Der Kopf hat einen gelben Vorderrand, das Halsschild ist rundum gelb gesäumt, die Flügeldecken nur an den Seiten (Name!). Das Weibchen ist grünlichbraun, hat einfach gebaute Vorderbeine und auf dem vorderen Abschnitt der Flügeldecken meist mehr als 1 Dutzend deutlicher Furchen. Das Männchen ist grünlichschwarz, mit glatten Flügeldecken und hat kräftige Vorderbeine mit breiten Saugnäpfen an den ersten Fußgliedern. Nur die Hinterbeine sind abgeflachte Schwimmbeine, die an den Schienen und Fußgliedern mit Schwimmborsten besetzt sind.

Vorkommen: Weit verbreitet und nicht selten; in stehenden und langsam fließenden, pflanzenreichen Gewässern.

Lebensweise: Gelbbrandkäfer schwimmen gut und geschickt durch synchrone Ruderschläge mit den Hinterbeinen. Sie fressen kleinere Wassertiere. Luft schöpfen sie mit dem Hinterende an der Wasseroberfläche und speichern sie unter den Flügeldecken. Ihre Eier legen sie in die Stängel von Wasserpflanzen. Die im Wasser lebende Larve (S. 226) kommt zur Verpuppung an Land. Die Käfer leben mehrere Jahre und sind sehr gute Flieger.

J	F	M	A	M	J	J	A	S	O	N	D

Acilius sulcatus **Furchenschwimmer**

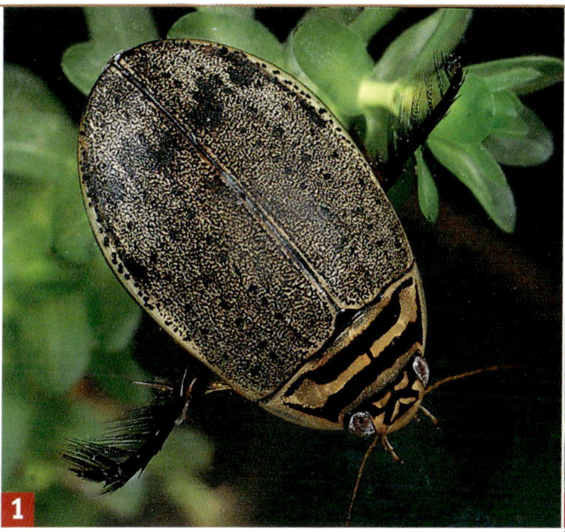

1

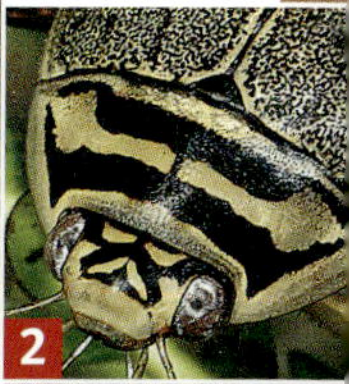

2

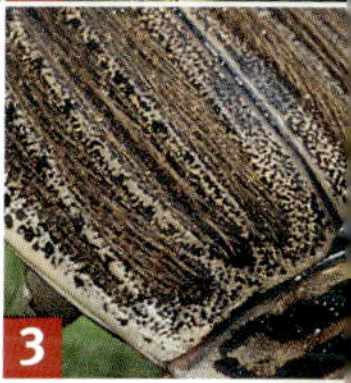

3

1 Breit-ovaler Schwimmkäfer mit marmorierten Flügeldecken

2 Kennzeichnende schwarz-gelbe Zeichnung auf Kopf und Halsschild

3 Weibchen mit behaarten Furchen auf den Flügeldecken

3er-Check

Merkmale: Schwarzbraun schimmernder Schwimmkäfer von 16–18 mm Körperlänge. Der gelbe Kopf hat einen schwarzen Hinterrand und eine schwarze Zeichnung auf der Stirn, die ein gelbes V frei lässt. Das Halsschild hat gelbe Ränder und einen gelben Querstrich in einem schwarzen Mittelfeld. Die Flügeldecken sind auf gelbem Untergrund sehr fein und dicht schwarz marmoriert. Das Weibchen hat 2 hell behaarte Längsrinnen auf jeder Flügeldecke und einfache Vorderbeine; die Flügeldecken des Männchens sind glatt, die Vorderbeine tragen breite Haftscheiben. Der Bauch ist schwarz mit einigen gelben Flecken.

Vorkommen: In stehenden Gewässern jeder Art und Größe; überall häufig, bis ins Hochgebirge.

Lebensweise: Furchenschwimmer können gut fliegen und landen sogar in Regenpfützen und auf frisch geteerten Dächern. Ihre Eier legen sie außerhalb des Wassers an feuchte Holz- und Rindenstückchen. Die langgestreckten Larven sind vorzügliche Schwimmer, haben einen kleinen Kopf mit kurzen, spitzen Greifzangen und einen bucklig hochgewölbten Körper. Sie verpuppen sich außerhalb des Wassers in einer Erdhöhle.

J	F	M	A	M	J	J	A	S	O	N	D

Kolbenwasserkäfer *Hydrous piceus* RL 2, §

2 1

3er-Check

1 Über 30 mm großer, schwarzer Wasserkäfer

2 Schwimmbeine rundlich, behaart

3 Unterseite mit silbrig glänzendem Luftpolster

3

Merkmale: Größter einheimischer Wasserkäfer mit einer Länge von 34–50 mm. Der Körper ist glänzend schwarz mit grünlichem Schimmer, im Umriss lang-oval, seine Oberseite flach gewölbt. Die fein behaarte Unterseite glänzt meist silbern durch den dort bewahrten Luftvorrat. Der Kopf ist breit, vorn abgestumpft, mit breiten, am Ende kolbenartig verbreiterten und sehr fein behaarten Fühlern (Name!), die zum Luftschöpfen dienen. Flügeldecken mit 4 Längsreihen von Punkten. Die Mittel- und Hinterbeine sind behaart und bewegen sich beim Schwimmen nicht synchron. Das Männchen hat an den Vorderbeinen dreieckige Haftpolster.

Vorkommen: Sehr weit verbreitet in stehenden, pflanzenreichen Gewässern; früher häufig, jedoch selten geworden.

Lebensweise: Die Käfer sind langsame und ungeschickte Schwimmer, die sich von Wasserpflanzen ernähren. Das Weibchen spinnt für die Eier einen schwimmenden Kokon in dem die Eier über einen »Schornstein« mit Luft versorgt werden. Die langgestreckten Larven fressen hauptsächlich Wasserschnecken und verpuppen sich an Land in einer Erdhöhle. Die Käfer schlüpfen im Herbst, fliegen gerne und überwintern vermutlich unter Wasser.

J	F	M	A	M	J	J	A	S	O	N	D

Meloë proscarabaeus **Ölkäfer**

3er-Check

1 Groß, blauschwarz, mit sehr kurzen, klaffenden Flügeldecken

2 Kopf und Halsschild grob grübchenartig punktiert

3 Hinterleib walzenförmig und beim Weibchen stark aufgebläht

Merkmale: Großer, schwarzglanzender, plump erscheinender Käfer. Die Männchen sind 8–12 mm groß, die Weibchen 11–36 mm. Kopf, Halsschild und Hinterleib sind deutlich voneinander abgesetzt, Kopf und Körper kräftig punktiert und gerunzelt. Die Augen sind klein, die Fühler besitzen knotige Glieder und einen Knick vor dem letzten Drittel. Hinterflügel fehlen. Die Flügeldecken der Weibchen sind stark verkürzt und bedecken nur den vorderen Bereich des stark aufgeblähten, grob gegliederten Hinterleibs, der mehr als die Hälfte der Körperlänge ausmacht. Die Flügeldecken der Männchen sind etwa körperlang und klaffen in der Mitte auseinander.

Vorkommen: Verbreitet und nicht selten an wärmebegünstigten Standorten (Trockenrasen, Streuobstwiesen, Waldränder etc.).

Lebensweise: Die Käfer leben bodennah an krautigen Pflanzen. Die flugunfähigen Weibchen legen Tausende von Eiern aus denen winzige Larven schlüpfen, die auf Blüten klettern, um sich dort an solitäre Bienen anzuklammern. In deren Nest fressen sie dann das Ei einer Brutzelle und den Nahrungsvorrat und verpuppen sich im Boden. Die Käfer pressen zur Verteidigung aus ihren Beingelenken Blut heraus, das ein Gift enthält.

| J | F | M | A | M | J | J | A | S | O | N | D |

Rotflügeliger Moderkäfer

Staphylinus caesarius

3er-Check

1 Sehr schlank, mit verkürzten Flügeldecken

2 Flügeldecken rostbraun bis rot

3 Hinterleib mit behaarten, weißen bis messinggelben Flecken

Merkmale: Sehr schlanker, 17–25 mm langer Kurzflügler. Kopf breit, eckig, mit kräftigen Zangen und großen, eingesenkten Augen. Brustschild gewölbt und hinten gerundet, Schildchen schwarz behaart, Schläfen gelb behaart. Die stark verkürzten, rostbraunen bis roten Flügeldecken sind rechteckig, hinten wie abgeschnitten und lassen die letzten 6 Glieder des Hinterleibs frei. Fühler, Beine und Flügeldecken rotbraun, der übrige Körper schwarz. Die Glieder des Hinterleibs mit je 1 behaarten, messinggelben Flecken auf jeder Seite. Hinterflügel unter den verkürzten Flügeldecken zusammengefaltet und voll entwickelt.

Vorkommen: Weit verbreitet, besonders im Bergland nicht selten; in der Feldflur und in Wäldern, auf Wegen und unter Steinen.

Lebensweise: Die Käfer leben im modrigen Bodenmulm (Name!) räuberisch von kleinen Insektenlarven, Würmern und faulenden Pflanzenstoffen. Trotz verkürzter Flügeldecken können die Käfer, wie die meisten Kurzflügler, sehr gut fliegen. Bei Gefahr richten sie den Kopf mit gespreizten Kiefern auf und klappen den Hinterleib mit seinen Sekretdrüsen über den Vorderkörper. Die Larven leben in Erdröhren und überfallen von dort aus ihre Beute.

J	F	M	A	M	J	J	A	S	O	N	D

Forficula auricularia # Gewöhnlicher Ohrwurm

1 Sehr langgestreckt, mit Zangen am Hinterende (hier Männchen)

2 Halsschild klein, fast quadratisch, Deckflügel verkürzt

3 Zangen des Weibchens kräftig, aber schlank

3er-Check

Merkmale: Kein Käfer, aber den Kurzflüglern sehr ähnlicher, brauner, langgestreckt-parallelseitiger »Ohrwurm« (Dermaptera) von 9–16 mm Körperlänge. Der Kopf ist rundlich, mit kleinen Augen. An der schildförmigen Vorderbrust befinden sich recht kurze Flügeldecken, die komplizierte gefaltete, zarte Flügel überdecken. Am Ende des deutlich gegliederten Hinterleibs befinden sich kräftige, gebogene, beim kleineren Weibchen gestreckte Zangen.

Vorkommen: Häufig und überall in freier Natur an und in Pflanzen sowie am Boden; als Kulturfolger in Gärten und in Gebäuden.

Lebensweise: Die überwiegend in der Dämmerung und Nacht aktiven Ohrwürmer leben von zarten Pflanzenteilen und gelegentlich anderen Insekten. Tagsüber suchen sie Verstecke an dunklen Orten (auch Ohren: Name!) auf. Die Weibchen legen im Frühjahr und Herbst in Erdhöhlen ihre Eier, pflegen und verteidigen diese wie auch die jungen Larven fürsorglich. Die Zangen dienen zur Verteidigung, zum Entfalten der Flügel und als Hilfe bei der Begattung. Die Larven sehen den Erwachsenen sehr ähnlich, haben aber keine Flügel. Bei massenhaftem Auftreten können sie durch Benagen von Blättern und Wurzeln erhebliche Schäden anrichten.

J	F	M	A	M	J	J	A	S	O	N	D

Grüne Stinkwanze *Palomena viridissima*

2 1

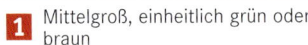

1	Mittelgroß, einheitlich grün oder braun
2	Membran rauchgrau
3	Kanten des Halsschildes gerundet

3er-Check

3

Merkmale: Typische Baumwanzengestalt, 12-14 mm Körperlänge. Der Kopf ist relativ klein, die Augen stehen seitlich vor, das Halsschild ist breit, überall nach außen gerundet. Das lang-dreieckige Schildchen ist groß und reicht bis zur Membran. Die Körperfarbe ist im Frühjahr und Sommer laubgrün, im Herbst rot- bis kupferbraun; nur die Membran ist dunkel rauchgrau und die Fußglieder sind bräunlich. Kopf, Halsschild, Schildchen und Flügeldecken sind dicht grübchenartig punktiert.

Vorkommen: An Hecken und an Waldrändern, in Laub- und Mischwäldern, in Obstplantagen und in Gärten; überall verbreitet und häufig.

Lebensweise: Larven und erwachsene Wanzen leben auf verschiedenen Laubbäumen wie Kirschen, Linden, Erlen, sind aber auch auf fast allen Heckenpflanzen, auf Gartenstauden und Sträuchern, auf Brennnesseln und Disteln zu finden. Die in vielen Gegenden häufigste Baumwanze verteidigt sich durch einen sehr unangenehmen Geruch, der lange an Händen und Kleidung haftet. Der jahreszeitliche Farbwechsel von Grün zu Braun wird durch in den Chitinpanzer eingelagerte rote Farbstoffe bewirkt.

J	F	M	A	M	J	J	A	S	O	N	D

Dolycoris baccarum **Beerenwanze**

3er-Check

1 Mittelgroß, braun bis rotbraun

2 Fühler schwarz-weiß geringelt

3 Körper und Beine stark behaart

Merkmale: Relativ schlank, 10–12 mm lang, Körper und Beine stark behaart. Kopf groß, mit schwarz-weiß geringelten Fühlern und eingesenkten Augen. Das breite Halsschild ist wie der Kopf graubraun bis schwärzlich, kräftig grübchenartig punktiert. Das langgestreckte Schildchen endet mit einer hellgrauen bis weißen Spitze. Die Flügeldecken sind rot- bis graubraun und die Seitenränder des Hinterleibs alternierend hell-dunkel gefleckt.

Vorkommen: Fast überall verbreitet; an Wald- und Wegrändern, in Hecken, auf Wiesen und in Gärten; eine der häufigsten Baumwanzen in Mitteleuropa.

Lebensweise: Die Larven und erwachsenen Wanzen sind in Gärten und Hecken bisweilen sehr zahlreich auf Beeren tragenden Sträuchern zu finden, wo sie die Früchte anstechen und auf diesen mit dem Sekret ihrer Stinkdrüsen einen üblen Wanzengeschmack hinterlassen (Name!). An Wegrändern und auf Grasflächen sitzen sie oft zu mehreren in Distelköpfen, an Königskerze und anderen halbhohen, krautigen Pflanzen. Die erwachsenen Wanzen überwintern unter den Rosetten dieser Pflanzen; die Eiablage erfolgt im Frühjahr.

J	F	M	A	M	J	J	A	S	O	N	D

Rotbeinige Baumwanze *Pentatoma rufipes*

2 1

3

1 Relativ groß, rotbraun, mit rötlichen Beinen

2 Halsschild breit, mit vorstehenden, abgestutzten Seitenecken

3 Schildchen am Hinterende gelbrot bis orange

3er-Check

Merkmale: Die Gestalt der 13–15 mm großen Baumwanze ist durch gezähnte, abgestutzt vorstehende Vorderecken des Halsschildes gut gekennzeichnet. Die Fühler und Beine sind sehr lang und schlank. Das Halsschild ist breiter als lang, das Schildchen lang ausgezogen dreieckig, bis zur Membran reichend. Die Grundfarbe des Körpers ist erzfarben braun, im Sommer heller, im Herbst dunkler. Fühler und Beine häufig rotbraun, Spitze des Schildchens hell gelbrot bis leuchtend orange. Die Membran ist durchscheinend bräunlich und der Seitenrand des Hinterleibes alternierend gefleckt. Kopf, Halsschild, Schildchen und Flügeldecken sind gerunzelt und kräftig grübchenartig punktiert.

Vorkommen: Überall verbreitet und häufig; auf Laubbäumen und Sträuchern in Wäldern und Parkanlagen.

Lebensweise: Die Larven überwintern in einem frühen Stadium in Rindenritzen und entwickeln sich im Frühjahr und Sommer auf Ahorn, Linde und anderen Laubbäumen. Sie saugen sowohl an ihren Wirtspflanzen wie auch an anderen, meist toten Insekten. Die im Sommer entwickelten Wanzen leben in der Wipfelregion der Bäume und fliegen nachts gerne ans Licht.

J	F	M	A	M	J	J	A	S	O	N	D

Eurydema ornatum **Gemüsewanze**

1 Schwarz-rot oder schwarz-weiß-rot gezeichnet

2 6 getrennte schwarze Flecken auf dem Halsschild

3 Membran dunkel, hell gerandet

3er-Check

Merkmale: Bunte, 7–9 mm große Wanze, die durch ihre Zeichnung auffällt. Die Gestalt ist gestreckt-gerundet, die Körperfarbe rot oder weiß oder rot-weiß. Auf dieser Grundfarbe liegt ein schwarzes Muster: Vorder- und Hinterrand des Kopfes, 6 Flecken auf dem Halsschild, 1 Fleck am Grund des Schildchens und eine L-förmige Zeichnung mit je 2 Flecken auf jeder Flügeldecke sind schwarz. Auch der rote Bauch trägt schwarze Flecke. Dieses Grundmuster variiert in vielfältiger Weise: Teilweise sind die Flecke aufgelöst oder fehlen ganz.

Vorkommen: Auf Feldern und Brachflächen sowie in Gärten verbreitet, sofern ihre Futterpflanzen vorhanden sind häufig.

Lebensweise: Die Gemüsewanze ist ein Nahrungsspezialist. Sie lebt an wilden und kultivierten Kreuzblütlern, an denen Larven und Erwachsene durch ihre Saugtätigkeit erheblichen Schaden anrichten können. Die Farbvariationen sind teils von der Jahreszeit und dem Häutungszeitpunkt der Tiere abhängig, teils beruhen sie auf individuellen Unterschieden. Tiere mit gelblicher Grundfarbe gibt es vor der Überwinterung, rote Tiere mit einem schwarzen Keilfleck auf dem Bauch danach.

J	F	M	A	M	J	J	A	S	O	N	D

Streifenwanze *Graphosoma lineatum*

2 **1**

1 Groß, schwarz-rot längs gestreift

2 Das große Schildchen überdeckt die Flügeldecken

3 Halsschild mit 6 schwarzen Streifen

3

3er-Check

Merkmale: Im Umriss schildförmige, 8–12 mm große, durch ihre Färbung unverwechselbare Wanze. Der Kopf ist gerundet-dreieckig, mit vorstehenden Augen und langen, schwarzen Fühlern. Das Halsschild ist breit, mit abgestumpften Ecken; das Schildchen überdeckt, ausgenommen einen schmalen Rand, die Flügeldecken. Die Grundfarbe ist leuchtend rot, selten orangerot. Der Kopf trägt 2 schwarze Streifen, die sich auf dem Halsschild fortsetzen. Insgesamt ziehen über das Halsschild 6 schwarze Längsstreifen, von denen 4, die mittleren und äußeren, auf dem Schildchen bis zum Hinterrand weiterlaufen. Der Seitenrand des Hinterleibs ist alternierend schwarz-rot gefleckt.

Vorkommen: Auf Wiesen, an Wegrändern, Waldlichtungen und in Gärten an Doldenblütlern; weit verbreitet, aber nicht häufig.

Lebensweise: Larven und ausgewachsene Wanzen leben meist in Anzahl auf Wilder und Garten-Möhre, Liebstöckel, Kümmel, Bärenklau und anderen Doldenblütlern, wo sie mit Vorliebe an den Samen saugen. In manchen Jahren ist die Streifenwanze örtlich sehr häufig, kann aber auch über mehrere Jahre hinweg verschwunden sein.

J	F	M	A	M	J	J	A	S	O	N	D

Eurygaster maura **Mohrenwanze**

1

2

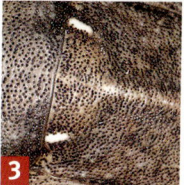

3

3er-Check

1 Mittelgroß, schildkrötenartige Gestalt

2 Färbung variabel, häufig graubraun, rötlich bis braunfleckig

3 Weiße, wulstige Kommaflecke vorn auf dem Schildchen

Merkmale: Gestalt ähnlich einem 8,5–11 mm langen Schildkrötenpanzer, gewölbt, mit breitem, bis zum Körperende reichendem Schildchen. Kopf abfallend, seine Spitze nicht von den Wangen eingeschlossen. Die Färbung ist sehr variabel, von einfarbig hell- oder dunkelbraun bis zu rötlich oder grau, die Körperoberfläche stark punktiert und gerunzelt. An der Grenze zum Halsschild trägt das Schildchen 2 kurze, kommaförmige, weiße Wülste. Bei manchen Tieren geben längs gerichtete Bänder unterschiedlicher Farbe dem Rücken ein auffallendes Muster. Die gerundeten Seitenränder des Hinterleibes sind alternierend gefleckt. Das zweite Fühlerglied ist fast doppelt so lang wie das dritte.

Vorkommen: Überall häufig auf trockenen Wiesen, grasigen Waldlichtungen sowie in Getreidefeldern.

Lebensweise: Die Mohrenwanze lebt an verschiedenen niederen Pflanzen und saugt hauptsächlich an den noch unreifen, weichen Samen von Gras und Getreide. Bei Massenvorkommen kann sie im Getreide schädlich werden. Nach der Eiablage im Mai erscheinen die Larven im Juli und entwickeln sich bis Mitte August. Im Herbst vergraben sich die Tiere zur Überwinterung im Boden.

| J | F | M | A | M | J | J | A | S | O | N | D |

Erdwanze *Tritomegas bicolor*

2 **1**

1 Eiförmig, mit schwarzem Querband
auf den Flügeldecken

2 Kurze weiße Flecken am Vorderrand des Halsschildes

3 Fühler lang

3er-Check

Merkmale: In der Aufsicht eiförmige, 6–7 mm lange Wanze mit auf-
fallender Färbung. Der Kopf ist schwarz, ebenso das Halsschild, an
dessen Vorderecken 2 kurze weiße Flecken die Schultern markie-
ren. Die Flügeldecken sind schwarz, bis auf eine weiße Zeichnung
am vorderen Rand, die am Schildchen eine schwarze Einbuchtung
hat; außerdem befindet sich am Hinterende jeder Flügeldecke ein
unregelmäßiger weißer Fleck vor der Membran. Die Membran ist
rauchbraun bis weißlich und lässt den alternierend schwarz-weiß
gezeichneten Seiten- und Hinterrand des Körpers durchscheinen.
Die Fühler sind lang.

Vorkommen: Nicht selten und weit verbreitet; an feuchten Weg- und
Waldrändern, in Auwäldern und Gartenanlagen.

Lebensweise: Die Larven leben von Mai bis Juni auf rot blühenden
Nesseln, insbesondere dem Wald- und dem Sumpf-Ziest. Die Wanzen verbreiten sich später über weite Gebiete, tauchen in Gärten
auf und saugen dort auch an Obst und Gartenpflanzen. Im Herbst
verkriechen sie sich unter Pflanzenpolstern, Laub oder Steinen,
um zu überwintern. Im zeitigen Frühjahr legen sie dann ihre Eier
wieder an Nesseln.

J	F	M	A	M	J	J	A	S	O	N	D

Coreus marginatus **Lederwanze**

1

2

3

3er-Check

1 Mittelgroße, mittel- bis dunkelbraune Wanze

2 Flügelmembran mit zahlreichen feinen Adern

3 Der Hinterleib überragt seitlich die Flügeldecken

Merkmale: Robuste, 10,5–16 mm große, unauffällig gefleckte, mittel- bis dunkelbraune, im Herbst schwarzbraune Randwanze. Die Körperoberfläche ist rau. Am kleinen, etwa dreieckigen Kopf sitzen kleine Augen und kräftige, lange und raue Fühler, deren zweites und drittes Glied gelbbraun ist. Das Brustschild ist breit, mit stumpfwinkligen Außenecken. Die Ränder der Flügeldecken verlaufen parallel; die Seitenränder des in der Mitte gelblichen Hinterleibes überragen die Flügeldecken seitlich halbkreisförmig. Die Flügelmembran hat zahlreiche feine Adern.

Vorkommen: Sehr häufig und weit verbreitet in nicht zu trockener Umgebung; an Bahndämmen, Wald- und Wegrändern, in Parkanlagen, Gärten und auf Friedhöfen.

Lebensweise: Im Frühjahr lebt die Lederwanze auf Bäumen und Sträuchern, legt im Mai/Juni ihre Eier an verschiedene Ampfer- und Knöterich-Arten, an denen die Larven zunächst an den Blättern und später an den Früchten saugen. Vom Juli an erscheint die neue Generation, die man häufig auf Brombeeren und anderen Heckensträuchern sowie auf verschiedenen Stauden und Disteln findet. Im Spätherbst vergraben sie sich in der Bodenstreu.

J	F	M	A	M	J	J	A	S	O	N	D

Zimtwanze *Corizus hyoscyami*

2 **1**

1 Mittelgroß, schwarz-rot gezeichnet

2 Flügelmembran rauchgrau und fein geadert

3 Körper fein behaart

3er-Check

Merkmale: Lebhaft schwarz und ziegelrot (oder orangerot) gemusterte, 10–12 mm große Glasflügelwanze mit unverwechselbarer Zeichnung. Schwarz sind die Fühler und Beine, der Kopf mit den Augen, ausgenommen Scheitel und Stirn, eine Querbinde am Vorderrand des Brustschildes und 2 Flecken an seinen Hinterecken, der Grund des Schildchens, der innere Abschnitt der Flügeldecken sowie 2 breite Flecken auf deren Mitte. Der gesamte Körper ist fein behaart. Die Flügelmembran ist rauchgrau durchscheinend und sehr fein längs geadert.

Vorkommen: Überall an trockenen, sonnigen Stellen, häufig; auf verschiedenen krautigen Pflanzen und Stauden.

Lebensweise: Nach der Überwinterung erscheinen die Tiere bereits im März/April und fliegen bei warmem Wetter lebhaft umher. Sie legen ihre Eier, die eine rote Farbe haben, vorwiegend an Korbblütlern ab. Die Larven sind grau, lang und dicht behaart. Sie saugen bevorzugt an den Samen verschiedener Pflanzen, z. B. von Königskerzen. Im September erscheint die neue Generation, die zur Überwinterung in der Bodenstreu und unter Pflanzen Schutz sucht.

J	F	M	A	M	J	J	A	S	O	N	D

Lygaeus equestris **Ritterwanze**

1 Mittelgroß, schwarz-rot gezeichnet

2 Flügelmembran schwarz, mit kreisrundem weißem Fleck

3 Flügeldecken grau und schwarz gezeichnet

3er-Check

Merkmale: Lebhaft schwarz und rot gemusterte, 11–12 mm große Langwanze mit unverwechselbarer Zeichnung. Schwarz sind die Fühler und Beine, der Kopf mit den Augen (ausgenommen ein roter Keil, der sich vom Scheitel zur Stirn zieht), 2 miteinander verschmolzene Flecke am Vorderrand des Brustschildes und ein 2fach gewölbtes, schmales Band am Hinterrand, das Schildchen, 2 runde Flecken am inneren Abschnitt der Flügeldecken sowie 2 breite Flecken auf deren Mitte, die miteinander verbunden sind. Der gesamte Körper ist unbehaart. Die Flügelmembran ist schwarz, grob geadert, mit einem kreisrunden weißen Fleck auf der Mitte und einer kleinen weißen Binde im Innenwinkel.

Vorkommen: An Trockenhängen, Felsen und Mauern; verbreitet, im Süden nicht selten, in Norddeutschland nur vereinzelt.

Lebensweise: Die Larven findet man im Juli und August vorzugsweise an Schwalbwurz *(Vincetoxicum)* und an Löwenzahn. Ausgewachsen zerstreuen sich diese auffallenden Wanzen über ein weites Gebiet und sind dann auf verschiedenen Pflanzen mit gelben Blüten (Goldrute, Löwenzahn) sowie am Boden zu finden. Sie überwintern oft gesellig unter Bodenstreu und Rinde.

J	F	M	A	M	J	J	A	S	O	N	D

Feuerwanze *Pyrrhocoris apterus*

Ber-Check

1 Mittelgroß, robust, schwarz-rot gezeichnet

2 Flügel rot, mit kreisrundem, schwarzem Fleck

3 Halsschild schwarz, rot gerandet

Merkmale: Auffallend schwarz und rot gezeichnete, 10–12 mm große, robuste Wanze von lang-ovaler Gestalt, mit flacher Ober- und gewölbter Unterseite. Schwarz sind Kopf, Fühler und Beine, das Innenfeld und die Punktierung auf dem rot gerandeten Halsschild, das Schildchen, der innere Abschnitt der Flügeldecken sowie auf dem äußeren Abschnitt 2 kleine Flecken im Innenwinkel, 2 große, runde Punkte auf der Mitte und der Hinterrand. Außerdem ist der Hinterleib mit Ausnahme des Randes schwarz. Die Flügelmembran ist meist zurückgebildet, sodass der schwarze, rot gerandete Rücken sichtbar wird. Der Kopf hat keine Punktaugen, und der Körper ist unbehaart.

Vorkommen: Überall sehr häufig, sowohl in freier Natur als auch in Parks, Gärten, Alleen, auf Schul- und Friedhöfen.

Lebensweise: Die Feuerwanze lebt gesellig, oft zu Hunderten gemeinsam mit ihren Larven, am Fuß von Bäumen und Mauern, wo sie Früchte, Samen und auch tote Insekten besaugt. Fast das ganze Jahr findet man sie an Linden, Robinien, Hibiskus und Malven. Häufig wird sie wegen ihres robusten Körpers irrtümlich als Käfer (»Feuerkäfer«) angesprochen.

J	F	M	A	M	J	J	A	S	O	N	D

Reduvius personatus **Staubwanze**

1 **2**

1 Schlank, groß, dunkelbraun bis schwarz, behaart

2 Brustschild trapezförmig, im Vorderteil aufgetrieben

3 Larve tarnt sich durch Staub und Schmutz

3er-Check

3

Merkmale: Schlanke, 15–18 mm lange, schwarzbraune bis schwarze Raubwanze. Am Kopf sitzen große, halbkugelige Augen, ein nach unten gerichteter, sichelförmiger Stechrüssel und lange, behaarte Fühler. Das Brustschild ist trapezförmig, vorne auf beiden Seiten halbkugelig aufgetrieben und, ebenso wie der Körper und die Beine, behaart. Die Flügel sind lang und durchscheinend.

Vorkommen: Verbreitet in Häusern, Ställen und auf Müllhalden.

Lebensweise: Die Staubwanze ist nach ihrer Larve benannt, die sich mit Staub, Sand, Fasern und anderen Schmutzteilchen tarnt, indem sie dieses Material sofort nach jeder Häutung auf ihre Körperbehaarung aufbringt. Sie lebt räuberisch und jagt vor allem kleine Insekten und Insektenlarven. Da sie als Kulturfolger vorwiegend in menschlichen Behausungen lebt, macht sie sich durch das Vertilgen von Silberfischchen, Fliegen, Bettwanzen und anderen Schadinsekten nützlich. Die Larve überwintert und verwandelt sich nach 1–2 Jahren. Die erwachsenen Wanzen können sehr gut fliegen und kommen nachts ans Licht bis in Wohnungen. Da ihr meist unbeabsichtigter Stich sehr schmerzhaft ist, sind sie keine angenehmen Hausgenossen.

J	F	M	A	M	J	J	A	S	O	N	D

Sichelwanze *Nabis pseudoferus*

2 1

3

1 Klein, hell- bis mittelbraun, schlank, mit langem Kopf

2 Rüssel sichelförmig

3 Halsschild trapezförmig, gerunzelt

3er-Check

Merkmale: Schlank, lang-oval, Körperlänge 8-9,5 mm, bräunlich gefärbt mit wenig Zeichnung. Die Fühler sind lang und dünn, etwas kürzer als der Körper. Der lange Kopf hat auf seiner Unterseite einen sichelförmig gebogenen, langen Rüssel. Das Halsschild ist eingeschnürt-trapezförmig, mit dunklem Mittelstrich, der sich auch über den Kopf und über das Schildchen hinzieht. Das Schildchen ist seitlich hell. Die Flügeldecken sind lang, fein behaart, auf beiden Seiten mit 2 kleinen schwarzen, auf einer Ader gelegenen Punkten.

Vorkommen: Auf trockenen Wiesen und Feldern, in Wäldern, Parks und Gärten; überall verbreitet und sehr häufig.

Lebensweise: Die Larven und erwachsenen Tiere leben auf niederen Pflanzen wie Kräutern und Gräsern räuberisch von Spinnen, Milben, Blattläusen und anderen Insekten. Sie überwintern erwachsen und verpaaren sich im Frühjahr. Von Mai bis Juli legt das Weibchen Eier in Gräser oder Pflanzenstängel. Die Larven entwickeln sich schnell und sehen bei einigen Arten der Sichelwanzen ameisenähnlich aus. Sichelwanzen sind für den Menschen harmlos, können sich aber durch Stiche zur Wehr setzen.

| J | F | M | A | M | J | J | A | S | O | N | D |

Cimex lectularius **Bettwanze**

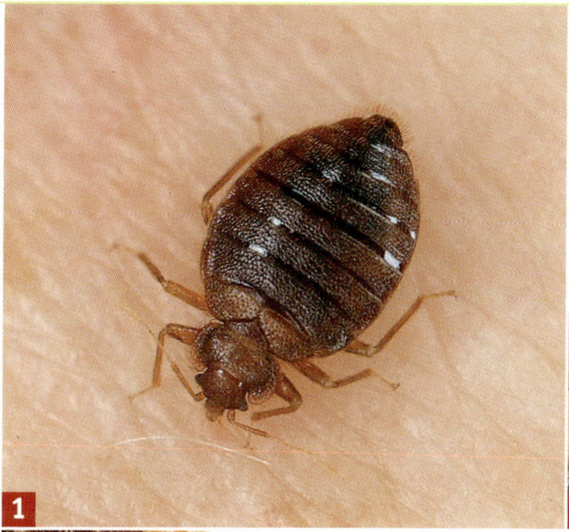

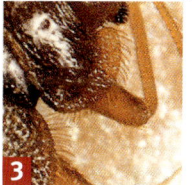

1 Flach, rundlich bis lang-oval

2 Flügellos, nur schuppenartige Flügeldecken

3 Halsschild mit nach hinten gekrümmten Haaren am Rand

3er-Check

Merkmale: Rundlich bis lang-oval, flach, 4,8–6 mm groß, bleich rötlichbraun bis dunkelbraun, mit schwacher Behaarung. Kopf mit kleinen Augen und kurzen, behaarten Fühlern. Halsschild klein, seitlich verbreitet. Schildchen klein, von 2 schuppenartigen Flügelansätzen flankiert. Hinterleib deutlich segmentiert und je nach Ernährungszustand gestreckt, Inhalt durchscheinend.

Vorkommen: Weltweit in sehr unterschiedlichen, hygienisch unterversorgten Gebäuden; im Wald gelegentlich in Vogelnestern.

Lebensweise: Die Bettwanze hat ihre gesamte Verwandtschaft in Verruf gebracht. Ursprünglich wohl in Vogelnestern zu Hause, folgte sie dem Menschen, der sie überall hin mit Hausrat und Kleidung in seine Wohnstätten verschleppte. Dort leben ihre Larven tagsüber versteckt in Ritzen, hinter Bildern und Tapeten, um dann nächtens über Schlafende herzufallen. Mit ihrem Stechrüssel nehmen sie Blut auf, wobei sie einen Stoff gegen Gerinnung in die Haut einspritzen. Die Stiche schwellen an, bilden Quaddeln, jucken und können sich entzünden. Auch in Mitteleuropa werden immer wieder Bettwanzen eingeschleppt. Ihre Bekämpfung sollte man dem Kammerjäger überlassen.

J F M A M J J A S O N D

Platanen-Netzwanze *Corythucha ciliata*

1 Klein, von netzartigen Strukturen überzogen

2 Kopf von einer Art »Haube« überdeckt

2er-Check

Merkmale: Weiße bis bräunliche, 3,5–3,8 mm kleine Wanze mit filigranem Körper. Der schwarze Kopf und das Schildchen werden von schleierartigen Hauben überdeckt. Das Halsschild hat seitlich flügelartige Verbreiterungen, die Flügel sind außen flach ausgebreitet und in der Mitte aufgewölbt. Alle Strukturen sind durch Adern in ein feines Netzwerk aufgeteilt.

Vorkommen: Seit ca. 1980 im Oberrheingebiet eingeschleppt; mit starker Ausbreitungstendenz in Alleen und Parks wärmebegünstigter Stadtzentren Süd- und Westdeutschlands.

Lebensweise: Diese bei näherer Betrachtung so hübsch aussehende Wanze würde nicht auffallen, wenn sie nicht an Platanen einen so großen Schaden anrichtet. Nach der Überwinterung unter Rinde legen die Weibchen ihre Eier entlang der jungen Blattrippen. Durch die Saugtätigkeit der Larven verkümmern die Blätter an diesen Stellen und werden weiß, bis sie schließlich vorzeitig abfallen. Die Wanze wurde vor etwa 50 Jahren aus Nordamerika nach Italien eingeschleppt, von wo aus sie sich in weite Teile Europa ausbreitete. In Mitteleuropa gibt es zahlreiche weitere, nicht schädliche Netzwanzen-Arten.

J	F	M	A	M	J	J	A	S	O	N	D

Wiesen-Weichwanze
Lygus pratensis

1 Klein, gelblich, rot oder graubraun gefärbt

2 Oberseite weitläufig punktiert, Schildchen kaum gezeichnet

3 Membran dunkel, mit 2 gebogenen Adern

3er-Check

Merkmale: Länglich-ovale Weichwanze von 5,8–7,3 mm Länge und unterschiedlicher Färbung, etwa 3-mal so lang wie breit. Helle Tiere sind gelb, gelbgrau oder rötlich gefärbt, dunklere Varianten gaubraun bis mittelbraun. Der Kopf ist dreieckig, mit großen Augen und langen, behaarten Fühlern; er ist hinten gerandet und durch einen Halsring vom Brustschild abgesetzt. Brustschild und Flügeldecken sind weitläufig grob punktiert. Dunkel gefärbte Exemplare haben schwarze Flecke im vorderen Teil des Brustschildes wie auch an dessen Hinterrand und Hinterecken. Außerdem läuft bei ihnen ein gezacktes, schwarzes Band über den hinteren Bereich der Flügeldecken

Vorkommen: Weit verbreitet und häufig; an Waldrändern, auf Heiden und Waldlichtungen, auf Bäumen, Büschen und Kräutern.

Lebensweise: Die Art lebt vorwiegend an Kräutern und Laubhölzern, kommt auch auf Heidekraut und Brennnesseln vor und schädigt gelegentlich Kulturen von Tabak und Kartoffeln. Die überwinterten Tiere überleben bis zum Juni, ab Juli ist bereits die nächste Generation entwickelt, die sich im Herbst zum Überwintern auf Nadelbäume zurückzieht.

| J | F | M | A | M | J | J | A | S | O | N | D |

Schmuckwanze *Rhabdomiris striatellus*

2 **1**

1 Lang-oval, gelb-rot-schwarz gestreift

2 Brustschild mit 4 schwarzen Flecken

3 Schildchen gelb

3er-Check

3

Merkmale: Lang-ovale, schön gefärbte Weichwanze von 7,0–8,4 mm Länge. Der Kopf ist braun-gelb gemustert, mit einem schwarzen Längsstreifen auf der Stirn, die Fühler sind lang und dünn. Zwischen Kopf und Brustschild liegt ein gelber Halsring. Letzteres ist hell- bis dunkelbraun, mit 4 schwarzen Flecken und einem schwarzen, außen gelb gesäumten Hinterrand. Das Schildchen ist gelb, über die braunen Flügeldecken ziehen gelbe Adern, die schwarze Säume haben. Das Dreieck am Flügelende ist gelb, mit schwarzer Spitze, die Membran schwarz, mit 2 bogig verlaufenden gelben Adern. Die Färbung kann in ihrer Ausdehnung variieren.

Vorkommen: Verbreitet und häufig; in Eichen- und Mischwäldern, Parks und Alleen.

Lebensweise: Die Schmuckwanze lebt auf und unter Eichen. Ihre Eier legt sie in weibliche Eichenknospen, die dann meistens absterben. Die im Frühjahr aus den überwinterten Eiern schlüpfenden Larven ernähren sich vorwiegend von den unreifen Blütenkätzchen. Ab Ende Mai erscheinen dann die erwachsenen Tiere, die Jagd auf kleine Insekten wie Blattläuse oder andere Wanzenlarven machen. Man findet sie auch auf Kräutern unter den Eichen.

J	F	M	A	M	J	J	A	S	O	N	D

Anthocoris nemorum **Blumenwanze**

3er-Check

1	Klein, schlank, weiß-braun-schwarz gefärbt
2	2 runde Flecken auf den Flügeldecken
3	Membran weißlich, mit schwärzlichem Schatten

Merkmale: Nur 3,4–4,5 mm große, lang-ovale Blumenwanze. Kopf langgestreckt, mit kugeligen Augen, Fühler schwarz bzw. Glied 2 und 3 braun mit schwarzem Ende. Kopf, Brustschild und Schildchen sind ebenfalls schwarz, die Flügeldecken weißlich mit brauner und schwarzer Zeichnung, glänzend, mit kurzen, hellen Haaren. Auffallend ist ein runder schwarzer Fleck in der sonst gelbbraunen hinteren Hälfte der Flügeldecke. Der Winkel am Ende der Flügeldecken ist schwarzbraun bis schwarz, die Membran milchig weiß mit schwärzlichem Schatten. Die gelbbraunen Beine tragen vor der Spitze des Schenkels meist einen dunklem Ring.

Vorkommen: Überall verbreitet und sehr häufig; an Wald- und Bachrändern, Hecken und Schuttplätzen sowie in Gärten.

Lebensweise: Die Blumenwanze lebt auf Laubbäumen, Brennnesseln und anderen Kräutern und sitzt gern auf Blüten und Weidenkätzchen. Sie ernährt sich von Blattläusen, kleinen Fliegen und anderen Insekten. Im Jahr hat sie 2–3 Generationen und überwintert als erwachsene Wanze unter Rinde sowie in der Bodenstreu. Gelegentlich sticht sie auf schweißnasser Haut auch den Menschen.

J	F	M	A	M	J	J	A	S	O	N	D

Gewöhnlicher Wasserläufer *Gerris lacustris*

2 **1**

1 Schlank, mit 2 kurzen und 4 sehr langen Beinen

2 Vorderbeine schwarz-gelb längs gestreift, angewinkelt

3 Körper schwarz, Brust seitlich mit 2 gelben Streifen

3er-Check

3

Merkmale: Schlanker, stromlinienförmiger, 8–10 mm langer Körper mit 4 sehr langen Beinen. Die Vorderbeine sind kurz und dicht hinter dem Kopf eingelenkt, die Mittel- und Hinterbeine weit zurückgesetzt und seitlich von der Brust abgespreizt. Kopf dreieckig, mit großen, halbkugeligen Augen und Fühlern von mittlerer Länge. Der Körper ist in der Mitte am breitesten und von schwarzer Farbe. Lediglich die Vorderbeine und das Brustschild sind seitlich durch gelbe Streifen gezeichnet. Der Bauch hat eine feine, silbrig glänzende Behaarung. Es gibt sowohl geflügelte als auch kurzflügelige und flügellose Tiere.

Vorkommen: Fast überall auf kleinen bis großen stehenden und langsam fließenden Gewässern; sehr häufig.

Lebensweise: Wasserläufer bewegen sich auf ihren 4 langen Beinen sehr geschickt und schnell mit gleichsinnigem Ruderschlag auf der Wasseroberfläche, wobei die Hinterbeine steuern. Ihre Füße und auch der Körper sind infolge einer sehr feinen Behaarung durch das Wasser, dessen Oberflächenspannung sie trägt, nicht benetzbar. Die Vorderbeine dienen zum Ergreifen von auf das Wasser gefallenen Insekten, die als Nahrung dienen.

J	F	M	A	M	J	J	A	S	O	N	D

Velia caprai **Bachläufer**

1 Klein und recht plump, schwarzbraun

2 Weiße Flecken auf Brustschild und Hinterleib

3 Hinterleibsrand aufgebogen, braun gefleckt

3er-Check

Merkmale: Kleine, wie ein kurzbeiniger, plumper Wasserläufer aussehende Wasserwanze von 6–7 mm Länge. Der Körper ist deutlich gegliedert und meist kurzflügelig. Kopf breit, mit kugeligen Augen und halblangen, etwas geknickten Fühlern. Das Brustschild ist im Umriss sechseckig, wie der Kopf und die Beine schwarzbraun und trägt nahe dem Vorderrand 2 weiße Haarflecke. Die Beine sind von mittlerer Länge, schlank bis kräftig. Verdickt sind besonders die Schenkel der Hinterbeine, die bei den Männchen bedornt sind. Der Hinterleib ist langgestreckt-rundlich, seitlich rötlich gefärbt und hat aufgebogene Seitenränder, die am Ende in kurze Spitzen auslaufen. Auf dem Rücken liegen in 2 Reihen mehrere weiß glänzende Haarflecke.

Vorkommen: Auf langsam fließenden Bächen und in Buchten schneller Fließgewässer sehr verbreitet und häufig.

Lebensweise: Die Bachläufer halten sich meist gruppenweise in Buchten und Wirbeln nahe dem Ufer auf, wo ins Wasser gefallene Insekten vorbeitreiben, die sie als Nahrung nutzen. Sie rennen sehr geschickt auf dem Wasser und verstecken sich bei Störung und zur Überwinterung zwischen den Uferpflanzen.

J	F	M	A	M	J	J	A	S	O	N	D

Teichläufer *Hydrometra stagnorum*

1 Sehr dünn, auf Stelzbeinen

2 Kopf lang, Augen weit hinten

2er-Check

Merkmale: Sehr dünner, fast nadelartiger, 9–12 mm langer Körper auf langen, sehr dünnen Stelzfüßen. Kopf sehr lang gestreckt, vorne etwas verbreitert und mit langen Fühlern. Die Augen sind doppelt so weit vom Vorderende des Kopfes entfernt wie von dessen Hinterende. Die Brust ist, wie das ganze Tier, schwarzbraun bis schwarz gefärbt und flügellos oder kurzflügelig. Die Schenkel aller 6 Beine stehen seitlich vom Körper ab, die Schienen sind im rechten Winkel nach unten gerichtet.

Vorkommen: An stehenden und langsam fließenden Gewässern, sowohl auf der Wasseroberfläche und den Blättern von Wasserpflanzen als auch am Ufer; fast überall verbreitet und häufig.

Lebensweise: Teichläufer bewegen sich langsam aber stetig auf ruhiger Wasseroberfläche und auf schwimmenden Blättern. Sie jagen dort sowohl kleine Insekten, die aufs Wasser gefallen sind, als auch im Wasser lebende Mückenlarven, die zum Luftholen an die Wasseroberfläche kommen. Ihre Eier kleben sie am Ufer einzeln an Land- und Sumpfpflanzen. Schutz suchen sie unter Uferpflanzen; man findet sie auf feuchtem Boden oder in ihren Winterquartieren auch in großer Entfernung vom Wasser.

J	F	M	A	M	J	J	A	S	O	N	D

Corixa punctata **Punktierte Wasserzikade**

1 Körper abgeflacht, hinten gerundet

2 Kopf mit dreieckigen Augen, Halsschild mit feinen Querlinien

3 Flügeldecken sehr fein marmoriert

3er-Check

Merkmale: Abgeflachter, parallelseitiger und hinten breit gerundeter, 13–15 mm langer Körper mit sehr fein gezeichneter Oberfläche. Der Kopf ist kurz und breit, halbmondförmig an die Brust angeschmiegt. Das Brustschild ist mit 16–20 dunkelbraunen Querlinien gezeichnet; die Flügeldecken haben auf hellgelbem bis weißem Untergrund ein dunkelbraunes Netzwerk fein gezackter, unterbrochener Linien. Die Vorderbeine sind kurz, mit einem zu einer beborsteten Schaufel umgestalteten Fußglied. Die Mittelbeine sind schlank, die Hinterbeine abgeflacht und mit langen Haaren zu Schwimmbeinen umgeformt.

Vorkommen: Überall in pflanzenreichen, stehenden und langsam fließenden Gewässern; häufig.

Lebensweise: Wasserzikaden schwimmen mit ruckartigen Bewegungen ihrer seitlich abgespreizten, langen Ruderbeine. Zum Luftholen kommen sie an die Wasseroberfläche, von der sie als sehr gute Flieger direkt in die Luft starten können. Ihre Nahrung besteht aus Algen- und Bodenmaterial, das sie mit den Vorderfüßen zur Mundöffnung schaufeln. Die Männchen zirpen, indem sie mit den Vorderbeinen über eine gerillte Kopfkante reiben (Name!).

| J | F | M | A | M | J | J | A | S | O | N | D |

Rückenschwimmer *Notonecta glauca*

1 Oben gewölbter, unten flacher Körper

2 Schildchen mattschwarz, Flügeldecken grün- bis gelbbraun

3 Kopf mit hoch-ovalen Augen und dreieckigem Saugrüssel

3er-Check

Merkmale: Umgekehrt bootsförmiger, 15–16 mm langer Körper mit flacher Unterseite. Der Kopf trägt große, hoch-ovale, braune Augen und einen dreieckigen Saugrüssel. Stirn, Vorderabschnitt des Brustschildes und die Flügeldecken sind weißlichgelb, grünlich oder braun gefärbt, das Schildchen ist schwarz. Die langen Hinterbeine sind als Schwimmbeine abgeflacht und lang behaart.

Vorkommen: In kleinen und großen, stehenden und langsam fließenden Gewässern; sehr häufig und weit verbreitet.

Lebensweise: Wie der Name sagt, schwimmt der Rückenschwimmer mit der Bauchseite nach oben im Wasser. Beim Atmen berühren die Vorder- und Mittelbeine sowie das Hinterleibsende die Wasseroberfläche von unten. Die Hinterbeine sind in Ruhehaltung schräg nach vorne gerichtet. Der Luftvorrat wird zwischen den Bauchhaaren in Rinnen gespeichert und glänzt silbrig. In der Tiefe klammert sich der Rückenschwimmer mit den Vorder- und Mittelbeinen an Wasserpflanzen oder Steinen an. Als Nahrung fängt er meist Insekten und saugt sie aus. Sein Stich ist zwar ungefährlich aber sehr schmerzhaft und hat ihm den Namen »Wasserbiene« eingetragen. Im Herbst fliegt er weite Strecken über Land.

J	F	M	A	M	J	J	A	S	O	N	D

Ilyocoris cimicoides **Schwimmwanze**

1

1 Körper gedrungen, abgeflacht, breit-oval

2 Vorderbeine mit kräftigen, kurzen Zangen

2er-Check

2

Merkmale: Gedrungener, abgeflachte Körper von 12–15 mm Länge, dessen allseits gerundete, breit-ovale Gestalt der eines Wasserkäfers ähnlich ist. Die Augen sind in den halbkreisförmigen Kopf eingelassen, der auf der Unterseite einen kräftigen Stechrüssel trägt. Das Brustschild ist quer-trapezförmig, das Schildchen dreieckig und groß. Kopf und Halsschild sind grünlich, bräunlich marmoriert, die Flügeldecken dunkelbraun. Die kurzen Vorderbeine haben stark verdickte Schenkel, die mit den klauenförmigen Schienen als Greifzangen wirken. Die Hinterbeine sind kräftig bedornt und mit langen Schwimmborsten besetzt; auch die Mittelbeine haben Schwimmborsten.

Vorkommen: In stehenden und ruhig fließenden Gewässern mit Pflanzenwuchs; sehr weit verbreitet und häufig.

Lebensweise: Die Schwimmwanze ist ein geschickter und schneller Schwimmer, der Jagd auf fast alle Wassertiere macht, wenn sie nicht wesentlich größer sind als sie selbst. Fliegen kann sie nicht, bewegt sich jedoch geschickt an Land. Das Männchen zirpt zur Paarungszeit; das Weibchen legt die Eier in Pflanzenteile. Der Stich der Schwimmwanze ist für den Menschen schmerzhaft.

J	F	M	A	M	J	J	A	S	O	N	D

Wasserskorpion *Nepa rubra*

2 **1**

1 Flacher, im Umriss mandelförmiger Körper

2 Fangbeine klappmesserartig

3 Atemrohr von halber Länge des Körpers

3er-Check

3

Merkmale: Stark abgeflachter, im Umriss mandelförmiger, rot- bis schwarzbrauner Körper von 17–22 mm Länge mit ca. 10 mm langem Atemrohr am Hinterende. Der kurze, in einen kräftigen, kurzen Saugrüssel endende Kopf ist klein und liegt zwischen den Hüften der Vorderbeine. Diese sind als Fangbeine mit breiten Schenkeln ausgebildet, bei denen die Schiene wie die Schneide eines Taschenmessers in eine Rinne einklappt. Die Mittel- und Hinterbeine sind schlank. Unter den dunklen Deckflügeln ist der Hinterleib leuchtend rot gefärbt.

Vorkommen: Verbreitet und häufig; in flachen Tümpeln, Weihern, langsam fließenden Bächen und Gräben, meist in Ufernähe.

Lebensweise: Der Wasserskorpion lebt im flachen, meist schlammigen Wasser, wo sein Atemrohr die Wasseroberfläche erreicht und wo er sich im Schlamm verbergen kann. Dort lauert er auf Insektenlarven, Kaulquappen und Jungfische, die er blitzschnell mit seinen Vorderbeinen ergreift, um sie dann auszusaugen. Er kann – allerdings ungeschickt – schwimmen, aber nicht fliegen, obwohl seine Flügel gut entwickelt sind. Seine Eier haben Atemfäden und werden oberflächennah in schwimmende Blätter gelegt.

J	F	M	A	M	J	J	A	S	O	N	D

Ranatra linearis **Stabwanze**

1

2er-Check

1 Körper lang stabförmig, mit körperlangem Atemrohr

2 Vorderbeine als schlanke Greifbeine

2

Merkmale: Körper 30–35 mm lang, braun, sehr schlank, stabförmig, mit sehr langen, dünnen Beinen und einem ca. 35 mm langen Atemrohr am Ende. Der Kopf ist klein, mit kugeligen Augen und einem nach vorn gerichteten, kräftigen, spitzen Saugrüssel. Die an der langgestreckten Brust sitzenden Vorderbeine haben sehr lange Hüften und Schenkel; die Schienen können wie ein Klappmesser gegen die Schenkel eingeschlagen werden. Der Hinterleibsrücken ist unter den langgestreckten Flügeln orangerot.

Vorkommen: In stehenden Gewässern, Tümpeln, Weihern, Teichen und Seen in der Röhrichtzone; nicht selten.

Lebensweise: Die Stabwanze bewegt sich nur sehr langsam zwischen Wasserpflanzen und kann nicht gut schwimmen, aber gut fliegen. Nahe der Wasseroberfläche lauert sie ihrer Beute auf, die sie blitzartig mit den Vorderbeinen ergreift und aussaugt. Sie fängt sowohl Wasserflöhe als auch Insektenlarven, wagt sich aber auch an größere Tiere wie Kaulquappen und Fische heran. Ihre Eier haben 2 Atemfäden. Sie legt sie im Mai/Juni reihenweise so in schwimmende Blätter von Wasserpflanzen, dass die Atemfäden die Wasseroberfläche erreichen.

J	F	M	A	M	J	J	A	S	O	N	D

Bergzikade *Cicadetta montana* RL 2, §

2 1

3er-Check

1 Groß, mit durchscheinenden, in der Ruhe dachförmigen Flügeln

2 Vorderflügel größer als die darunter liegenden Hinterflügel

3 Hinterleibsringe rot gerandet

Merkmale: Körperlänge 16–20 mm, Flügelspannweite 45–52 mm. Die glasig-membranösen, mit kräftigen braunen bis ockergelben Adern durchzogenen Flügel sind ungleich groß und haben einen hellen, kräftigen Vorderrand. Sie werden in der Ruhe dachförmig zusammengelegt. Der Körper ist überwiegend schwarz, im Brustbereich oben ockerfarben und auf der Unterseite rot gerandet, der Hinterleib auf der Bauchseite ockerfarben.

Vorkommen: Verbreitet, aber selten; nur in einigen Wärmegebieten auf Obstwiesen und mit Büschen bestandenen Trockenrasen.

Lebensweise: Die Bergzikade ist eine unserer größten Zikaden. Das Weibchen legt die Eier auf Bäumen in die Rinde von Zweigen. Nach dem Schlüpfen fallen die Larven auf den Boden, in den sie sich mit ihren kräftigen, zu Grabschaufeln umgebildeten Vorderbeinen tief eingraben. Dort saugen sie an Wurzeln, bis sie nach einigen Jahren den Boden verlassen und an Pflanzen in die Höhe klettern, wo man dann die Larvenhäute an Baumstämmen und Stauden findet. Die Männchen »singen«, auch für den Menschen hörbar, indem sie durch Muskelkraft an ihrer Brust eine Schallmembranen in Schwingungen versetzen.

J	F	M	A	M	J	J	A	S	O	N	D

Cercopis vulnerata **Blutzikade**

1

1 Mittelgroß, schwarz-rot gezeichnet

2 Hintere rote Binde der Vorderflügel stark eingebuchtet

2er-Check

2

Merkmale: Die durch ihre schwarz-rote Zeichnung auffallende, nur 8–10 mm lange Zikade hat einen gedrungenen Kopf und ein breites Halsschild, das gemeinsam mit dem Schildchen ein Fünfeck bildet. An den schwarz gefärbten Vorderkörper schließen sich die dachförmigen Vorderflügel an. Sie sind fein gerunzelt, schwarz, mit blutroten Winkeln am Vorderrand. Im mittleren Abschnitt tragen sie außen einen unregelmäßig begrenzten blutroten Fleck und dahinter eine blutrote Binde von wechselnder Breite. Diese Binde ist vorne halbmondförmig eingebuchtet und verläuft parallel zum Hinterrand des Vorderflügels.

Vorkommen: Besonders in mittleren Höhenlagen und im Gebirge; häufig auf Gras, krautigen Pflanzen und niederen Büschen, an Straßen-, Weg- und Feldrändern und auf feuchten Wiesen.

Lebensweise: Die Blutzikade ist eine Schaumzikade, deren Larve unterirdisch an den Wurzeln krautiger Pflanzen und Gräser saugt. Diese erzeugt eine Schaumhülle zum Schutz vor Feinden, indem sie eiweißreiche Flüssigkeit mit kleinen Luftblasen füllt. Die ausgewachsenen Zikaden leben frei an verschiedenen Pflanzen, deren Säfte sie saugen.

| J | F | M | A | M | J | J | A | S | O | N | D |

Erlen-Schaumzikade *Aphrophora alni*

2 **1**

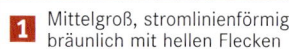

1 Mittelgroß, stromlinienförmig, bräunlich mit hellen Flecken

2 Heller Fleck auf dem Vorderflügel

3 Larve erzeugt Schaumnest (»Kuckuckspeichel«)

3er-Check

3

Merkmale: 8–11 mm lange, kräftige, stromlinienförmige Zikade. Kopf vorn mit stumpfem Winkel, Augen seitlich in ihn einbezogen. Gesamte Oberseite dicht mit groben schwarzen Punkten übersät und auf düster gelblichbrauner Grundfarbe mit 2 hellen Flecken auf den Vorderflügeln, die randlich durch dunkle Flecken begrenzt werden. Über Kopf und Halsschild zieht sich ein feiner, meist hell bräunlich gefärbter Kiel.

Vorkommen: Sehr weit verbreitet und häufig; in Auwäldern, Erlenbrüchen und an feuchten Waldrändern und Gebüschen.

Lebensweise: Die Larven, die aus überwinterten Eiern schlüpfen, sitzen kopfunter an den Zweigen von Erlen und anderen Pflanzen. Sie scheiden wie andere Schaumzikaden eine eiweißhaltige Flüssigkeit aus, die durch Luft aufgeschäumt wird. Im Volksmund wird diese schaumig aussehende Schutzeinrichtung der Larven »Kuckuckspeichel« genannt. Die erwachsenen Zikaden sitzen bevorzugt an den Zweigen von Erlen, Weiden und Pappeln. Ihre fortwährende Saugtätigkeit, bei der sie durch die Rinde bis in das Splintholz vordringen, ruft Wucherungen hervor und lässt die Rinde absterben.

J	F	M	A	M	J	J	A	S	O	N	D

Stictocephala bisonia **Büffelzirpe**

1

2

3

1 Mittelgroß, grün, mit bräunlich-gelbem Rückenkamm

2 Sehr großes Halsschild mit seitlichen Dornen

3 Deutliche Punktaugen auf der Stirn

3er-Check

Merkmale: Von hochgewölbter Gestalt, 6–8 mm groß, mit mächti gem Kopf-Brust-Schild. Augen kugelig, vorstehend, auf der Stirn 2 deutliche Punktaugen. Leuchtend grün, mit schmalen hellen Rändern am Halsschild; dieses seitlich in 2 bräunliche Seitendornen und einen hinteren Dorn ausgezogen.

Vorkommen: Von Süden ausgehende, zunehmende Verbreitung; insbesondere im Kulturland, u. a. in Gärten, Hecken, Gräben.

Lebensweise: Die Eier legt das Weibchen in kleinen Gruppen in die Rinde von Schlehen, jungen Obstbäumen, Rosen, Himbeeren und Brombeeren. Es schlitzt zur Eiablage die Rinde auf, wodurch Wucherungen an diesen Stellen entstehen, in die auch Krankheitskeime eindringen und Schäden an den Pflanzen verursachen. Die Larven saugen später an diesen Stellen, die erwachsenen Zikaden besonders gern an Himbeere, Lupine, Goldrute und an anderen Stauden. Sie fliegen bei der geringsten Störung davon. Die Büffelzikade ist ein gutes Beispiel dafür, wie sich eingeschleppte Insekten schnell anpassen und verbreiten können, wenn ihnen das Klima zusagt. Sie wurde erst vor ca. 80 Jahren aus Nordamerika nach Europa eingeschleppt.

J F M A M J **J A S O** N D

Europäischer Laternenträger

Dictyophara europaea
RL 3, §

2 1

3

3er-Check

1 Mittelgroß, langgestreckt, grasgrün

2 Kopf kantig, zu einem langen Dreieck ausgezogen

3 Flügeldecken durchsichtig, mit grünen Adern

Merkmale: Körper gestreckt und 9–13 mm groß, grasgrün, gelegentlich auch rötlichbraun. Der Kopf ist kantig und dreieckig zugespitzt, mit großen Augen, die nahe dem Hinterrand an den Seiten sitzen, weshalb er Ähnlichkeit mit einer alten Laterne hat (Name). Das Halsschild ist nach hinten verbreitert und trägt 3 Kiele auf der Oberseite. Die Flügel sind glasklar durchsichtig, mit einem Netzwerk kräftiger, grüner Adern.

Vorkommen: Nur in wärmeren Gegenden, jedoch bis ins norddeutsche Flachland; in Trockengebieten auf niederen Pflanzen und auf Wiesen, die an Kräutern reich sind.

Lebensweise: Das Weibchen legt die Eier im Boden ab und verklebt sie mit einer schützenden Kruste von Erdkrümeln. Die grünen Larven leben an verschiedenen Staudenpflanzen, an denen später auch die Zikaden zu finden sind. Wichtige Nahrungspflanzen sind u.a. Scharfgarbe, Odermennig, Wilde Möhre und Luzerne. Im Mittelmeergebiet und in Südrussland ist der Europäische Laternenträger stellenweise so häufig, dass er in Gemüsekulturen als Schädling auftritt.

J	F	M	A	M	J	J	A	S	O	N	D

Ledra aurita **Ohrenzikade**

3er-Check

1 Mittelgroß, dunkel gescheckt

2 Ohrenartige Fortsätze auf dem Halsschild

3 Schaufelartiger Kopf

Merkmale: Das Männchen ist 13–17 mm, das Weibchen 15–18 mm lang. Beide haben einen breiten Kopf mit kleinen Augen, der schaufelartig wie ein abgestumpftes Dreieck vorsteht. Unverwechselbar ist diese Zikade durch 2 abgerundete »Öhrchen«, die seitlich auf dem Halsschild sitzen. Die Körperfarbe ist dunkel: braun, oliv oder grauschwarz. Die Flügeldecken können in etwas hellerem Farbton breit gemustert sein und haben schwarzbraune bis schwarze Adern. Kleine Bereiche an Schienen und Flügelrand sind heller gefärbt.

Vorkommen: In Waldgebieten, insbesondere Auwäldern und in baumbestandenem Gelände; überall verbreitet und nicht selten.

Lebensweise: Die Larven leben auf Eichen, Buchen, Pappeln und anderen Laubbäumen im Blattwerk, wo sie an Zweigen Saft saugen. Sie überwintern zweimal, geschützt unter Rindenschuppen. Die Zikaden leben im Hochsommer in den Baumkronen und können gut fliegen. Ihre Lebensdauer ist allerdings, verglichen mit der der Larven, recht kurz. Die erwachsenen Tiere fliegen in warmen Sommernächten ans Licht und kommen so in waldnahen Gebieten nicht selten auch in Wohnungen.

| J | F | M | A | M | J | J | A | S | O | N | D |

Gottesanbeterin *Mantis religiosa* RL 3, §

2 **1**

1	Sehr groß, grün oder braun
2	Vorderbeine als Fangbeine
3	Dreieckiger Kopf mit langen, fadenförmigen Fühlern

3er-Check

3

Merkmale: Sehr schlanke, langgestreckte Fangschrecke (keine »Heuschrecke«) von grüner oder brauner Farbe. Die Männchen sind 40–60 mm, die Weibchen 48–75 mm lang. Der dreieckige Kopf ist mit seinen großen Augen sehr beweglich, die Brust lang, oben schildartig verbreitert. Die verbreiterten und bestachelten Vorderbeine werden als Fangbeine eingesetzt, Mittel- und Hinterbeine sind lang und schlank. Der von den zarten Flügeln überdeckte Hinterleib ist lang-zylindrisch.

Vorkommen: In lockerer Besiedelung klimatisch sehr begünstigter Gegenden (z.B. Oberrheingebiet) auf sonnigen Trockenrasen, Wiesen und an Waldrändern; selten und besonders geschützt.

Lebensweise: Besonders die aus einem schaumigen Kokon schlüpfenden Larven sind sehr wärmebedürftig. Sie leben von verschiedensten Insekten, denen sie ruhig auflauern, um sie durch blitzschnelles Vorschnellen der Fangbeine zu ergreifen und sofort lebend zu verzehren. Gleiches gilt für die ausgewachsenen Tiere, die gut fliegen und durch Luftströmungen weit verdriftet werden können. Ihre eigentliche Heimat ist das Mittelmeergebiet.

J	F	M	A	M	J	J	A	S	O	N	D

Tettigonia viridissima # Großes Grünes Heupferd

1 | **2**

3er-Check

1 Sehr groß, laubgrün, Flügel sehr lang

2 Sattelförmiges Halsschild mit bräunlichem Mittelstrich

3 Legebohrer schwertförmig und leicht nach oben gewölbt

Merkmale: Auffallende, 27–38 mm lange, grüne Heuschrecke mit langen Fühlern. Die langen Flügel sind in Ruhe über dem Rücken zusammengelegt und überragen den Hinterleib weit, beim Weibchen erreichen sie sogar das Ende des Legebohrers. Die Vorderflügel sind schmal und grün, die Hinterflügel breiter und bräunlich. Der Legebohrer des Weibchens ist schwertförmig, grün, am Ende bräunlich und leicht nach oben gewölbt.

Vorkommen: Recht häufig und weit verbreitet, jedoch nicht in größeren Höhenlagen; an Waldrändern, Hecken, auf landwirtschaftlich genutzten Flächen, in Gärten und Parkanlagen.

Lebensweise: Das Große Grüne Heupferd ist ein Gemischtköstler, der sich überwiegend von kleineren Insekten, aber auch von verschiedenen krautigen Pflanzen ernährt. Es legt etwa 200–250 Eier in den Boden, wo sie (manchmal mehrmals) überwintern. Anfang Mai schlüpfen die Larven, die sich im Lauf des Sommers über 7 Stadien entwickeln. Die erwachsenen Heupferde können sehr gut fliegen. Die Männchen zirpen von mittags bis in die Nachtstunden und wurden früher bisweilen wegen ihres Gesanges in Käfigen gehalten.

J	F	M	A	M	J	J	A	S	O	N	D

Langflügelige Schwertschrecke

Conocephale discolor

2 **1**

3

1 Mittelgroß, grün, oberseits bräunlich

2 Brust mit brauner Längsbinde

3 Legebohrer schwertförmig, gerade

Merkmale: Mittelgroße, hellgrüne Laubheuschrecke von 12–17 mm Länge. Die Fühler sind nahezu 3-mal so lang wie der Körper, die relativ kurzen, hellgrünen Flügel erreichen das Körperende und enden bei Weibchen über dem Ansatz des Legebohrers. Letzterer ist etwa so lang wie der Körper, nur an der Basis etwas geknickt und schwertförmig gerade. Die Brust trägt eine braune Längsbinde, die weiß umrandet ist.

Vorkommen: Stellenweise im Tiefland nicht selten; auf feuchten und trockenen, hochwüchsigen Wiesen und auf Staudenfluren, insbesondere in Flusstälern.

Lebensweise: Schwertschrecken ernähren sich sowohl von verschiedensten kleinen Insekten als auch von Gräsern und krautigen Pflanzen. Ein Weibchen legt 60–70 Eier in Pflanzenstängel. Sind diese hart, so beisst es sie auf, um den Legestachel einzuführen zu können. Die Eier überwintern, und die Larven entwickeln sich über 6 Larvenstadien im Frühjahr des folgenden Jahres. Die Tiere halten sich meist einen halben Meter über dem Boden auf, wo sie senkrecht an Pflanzen sitzen.

J	F	M	A	M	J	J	A	S	O	N	D

Meconema thalassinum **Eichenschrecke**

1

2

1 Mittelgroß, hellgrün bis gelblich (hier Männchen)

2 Kopf und Halsschild mit gelber Mittellinie

3 Legebohrer lang, nach oben gebogen

3er-Check

3

Merkmale: Hellgrün bis gelblich gefärbte, etwa 15 mm lange, schlanke Laubheuschrecke. Die gelben, stellenweise braun geringelten Fühler haben etwa doppelte Körperlänge. Der Kopf trägt eine gelbe Mittellinie, die sich auf dem Halsschild, stellenweise bräunlich getönt, fortsetzt. Die Vorderflügel sind kräftig und am Vorderrand bräunlich bis gelb gefärbt. Sie überragen das Hinterleibsende kaum. Der Legebohrer ist etwas kürzer als der Körper, kräftig und leicht nach oben gebogen.

Vorkommen: Weit verbreitet vom Tiefland bis in die Mittelgebirge und örtlich häufig; in Laub-, Misch- und Kiefernwäldern, an Waldrändern, in Streuobstwiesen, Parkanlagen und Gärten.

Lebensweise: Die Eichenschrecke lebt auf Bäumen und in Büschen von Blattläusen und anderen kleinen Insekten. Sie ist in der Abenddämmerung und nachts aktiv. Nachts fliegt sie oft zum Licht und in Wohnungen. Nach starken Regenfällen und Stürmen findet man sie auch am Boden. Ihre Eier legt sie in die Rinde von Laubbäumen oder Kiefern, wo sie überwintern. Die Larven entwickeln sich über 5 Stadien von Ende Mai bis August.

J	F	M	A	M	J	J	A	S	O	N	D

Warzenbeißer *Decticus verrucivorus* RL 3

3er-Check

1 Plumpe, große Laubheuschrecke

2 Ansatz der Flügel schwarz, bisweilen bis zum Flügelende

3 Legebohrer schlank, nach oben gebogen

Merkmale: Kräftige, eher plump wirkende, bis 40 mm lange Laubheuschrecke von sehr wechselnder Färbung. Die Grundfarbe ist dunkelgrün, mit hellem Bauch. Daneben treten weiße, gelbe, rote, braune und schwarze Farbtöne auf, teils als Flecken, teils in flächiger Ausbreitung an Körper, Flügeln und Beinen. Der Ansatz der Flügel ist schwarz, gefolgt von eckigen schwarzen Flecken. Die Flügel überragen in der Regel den Körper um die Hälfte. Der Legebohrer des Weibchens ist schlank und leicht nach oben gebogen.

Vorkommen: Verbreitet und nicht selten; auf feuchten bis nassen, ungestörten Grasflächen und Moorwiesen, besonders in höheren Berglagen, bis ins Hochgebirge.

Lebensweise: Der Warzenbeißer ist ein gefräßiger Vertilger von anderen Insekten und deren Larven, gegebenenfalls auch von Artgenossen. Neben tierischer Kost, die mehr als die Hälfte seiner Nahrung ausmacht, nimmt er pflanzliches Material zu sich. Das Weibchen legt 200–300 Eier in feuchten Boden, aus denen nach 1–7 Jahren die Larven schlüpfen. Früher ließ man sich Warzen von dieser Heuschrecke abbeißen und durch ihren Verdauungssaft verätzen (Name!).

J	F	M	A	M	J	J	A	S	O	N	D

Chorthippus parallelus **Feldheuschrecke, Grashüpfer**

1 Mittelgroß, grün, oben mit braunen und gelblichen Tönen

2 Knie der Hinterbeine dunkel

3 Flügel häufig verkürzt

3er-Check

Merkmale: Meist grüner, aber auch bräunlich, gelblich oder rötlich gefärbter Grashüpfer von 17–23 mm (Weibchen) oder 13–16 mm Länge (Männchen). Fühler vergleichsweise kurz, Kopf groß, von der gerundeten Stirn schräg nach unten gerichtet, mit großen, hoch-ovalen Augen. Die Vorderflügel reichen entweder bis zum Ende des Hinterleibs oder sie sind kurz und bedecken nur dessen vorderstes Drittel (langflügelige und kurzflügelige Form). Eine sichere Unterscheidung der verschiedenen Grashüpfer-Arten ist nur dem Spezialisten möglich.

Vorkommen: Häufig und überall verbreitet; auf trockenen und nassen Wiesen, an Wegrändern, auf Ödflächen und Mooren.

Lebensweise: Die Grashüpfer fressen vorwiegend an den verschiedensten Arten von Gräsern, nehmen aber auch andere Pflanzennahrung zu sich. Das Weibchen legt seine eingehüllten Eier direkt in den Boden, wo im folgenden Frühjahr die Larven schlüpfen. Zwar haben die Grashüpfer ein sehr gutes Springvermögen, aber die meisten von ihnen können nicht fliegen. Sie sind eine wichtige Nahrungsquelle für zahlreiche andere Insekten, Spinnen, Amphibien, Reptilien, Vögel und kleine Säugetiere.

J	F	M	A	M	J	J	A	S	O	N	D

Blauflügelige Ödlandschrecke

Oedipoda caerulescens
RL 3, §

2	**1**

3

1 Groß, hellgrau bis dunkel gefärbt

2 Hinterflügel innen leuchtend blau

3 Körper und Vorderflügel gebändert und gescheckt

3er-Check

Merkmale: Die gedrungene, gepanzert erscheinende Gestalt der weiblichen Ödlandschrecke ist 20–30 mm, die der Männchen 15–23 mm lang. Ihre Grundfarbe ist weißgrau bis schwärzlich gescheckt und gebändert, je nach Untergrund, an den sie sich anpasst. Auffallendstes Merkmal sind die Hinterflügel, deren innen leuchtend blauer Bereich von einem dunklen Band begrenzt wird.

Vorkommen: Sehr weit verbreitet, besonders in wärmebegünstigten Regionen und Flusstälern; auf sandigen und felsigen, trockenen Böden, auf Trockenrasen und in Kiefernwäldern ebenso wie auf Feldwegen, Dünen und in Steinbrüchen.

Lebensweise: Schon während der Entwicklung der Larve passt sich die Körperfarbe der Ödlandschrecke an die vorherrschenden Farben des Untergrundes an. Die erwachsenen Tiere suchen sich dann die sie am besten tarnenden Plätze auf. Aufgeschreckt fliegen sie nur ein kurze Stück, wobei die blauen Hinterflügel aufleuchten. Sie ernähren sich von Gräsern und krautigen Pflanzen. Die Eier werden in Gelegen, die von einer schnell härtenden, schaumigen Schutzhülle umgeben sind (Oothek), in den Boden gelegt, wo sie überwintern.

J	F	M	A	M	J	J	A	S	O	N	D

Psophus
stridulus
RL 2, §

Rotflügelige Schnarrschrecke

1

1 Körper auf unterschiedlicher
Grundfarbe dunkel gefleckt

2 Karminrote Hinterflügel mit
dunkler Binde

3 Lautes Schnarren im Sitzen und
beim Flug

3er-Check

2

Merkmale: Die Weibchen sind gedrungen, plump wirkend, 26–40 mm groß, mit relativ kurzen Flügeln. Die Männchen sind schlanker, nur 23–25 mm groß und haben voll ausgebildete, über den Hinterleib hinausragende Flügel. Die Grundfarbe ist überaus variabel: Es kommen sowohl gelbbraune, rotbraune, dunkelbraune wie auch hellgraue bis schwarze Tiere vor, die dann jeweils in dunkleren Tönen fleckig gemustert sind. Auffallendstes Merkmal sind die im Flug sichtbaren karminroten Hinterflügel, die außen dunkel gesäumt sind.

Vorkommen: Weit verbreitet, insbesondere im Mittel- und Hochgebirge, jedoch sehr selten geworden. Auf kalkreichen Trockenrasen und mageren Wiesen, Geröllfeldern und Heiden.

Lebensweise: Die Rotflügelige Schnarrschrecke nährt sich von krautigen Pflanzen und gelegentlich toten Insekten. Sie kann sowohl im Sitzen als auch beim Fliegen Schnarrlaute hervorbringen (Name!). Die Männchen schnarren auch im Flug sehr laut. Die im Boden abgelegten Eier überdauern den Winter in einer Schutzhülle. Die Bundesartenschutzverordnung nennt die Schnarrschrecke als besonders geschützte Art.

J	F	M	A	M	J	J	A	S	O	N	D

Wanderheuschrecke *Locusta migratoria*

2 **1**

1 Sehr groß, braun oder grün gefärbt

2 Halsschild mit schwarzem Längsstreifen (Wanderform)

3 Flügel sehr groß

3er-Check

3

Merkmale: Sehr große Heuschrecke bei der die Weibchen
42–55 mm, die Männchen 35–60 mm groß sind. Die sesshafte
Form ist überwiegend grün und das Halsschild in der Mitte gekielt.
Die Wanderform hat eine braune Grundfärbung und ist manchmal
grau bis schwarzgrau gebändert und gefleckt. Ihre Flügel sind
mehr als doppelt so lang wie die Hinterschenkel. Die sesshafte
Form ist meist grün, mit roten Hinterschienen.

Vorkommen: Mittelmeergebiet, Nordafrika, Westasien, gelegentlich
Gast in Mitteleuropa.

Lebensweise: Bei der Wanderheuschrecke unterscheidet man 2 Pha-
sen: Die sesshafte Form und die Wanderform. Die sesshafte Form
bleibt ortstreu und vermehrt sich normal über etliche Jahre. Von
Zeit zu Zeit kommt es unter geeigneten Umweltbedingungen zu
einer Massenvermehrung. Dann entsteht die Wanderphase, die
wegen Nahrungsmangel große Ausbreitungsflüge unternimmt.
Mit Milliarden Heuschrecken überfallen die Schwärme als »bibli-
sche Plage« ganze Landstriche und fressen sie leer. In Mitteleuropa sind die letzen großen Heuschreckenschwärme in den Jahren
1873–1875 aufgetaucht und haben damals die Ernten vernichtet.

J	F	M	A	M	J	J	A	S	O	N	D

Gomphocerippus rufus **Rote Keulenschrecke**

1 2

3er-Check

1 Färbung variiert: grün bis rot, braun und schwärzlich

2 Fühler am Ende keulenförmig verdickt, mit weißer Spitze

3 Vorderrand (= Unterrand) der Flügel leicht eingebuchtet

3

Merkmale: Schlanker, sehr unterschiedlich gefärbter Grashüpfer, dessen Weibchen 14–24 mm und Männchen 14–16 mm lang werden. Am Kopf sitzen mittellange Fühler, deren Enden keulenförmig verdickt sind (Name!) und eine weiße Spitze haben. Die Flügel sind schlank, am Vorderrand eingebuchtet und relativ kurz; sie überdecken nicht die letzten Glieder des Hinterleibs. Häufig sind grüne Tiere mit schwarzen Streifen am Halsschild und schwarzen Bändern und Flecken am Hinterleib und an den Hinterschenkeln. Neben diesen gibt es aber auch rot und anders gefärbte Tiere mit unterschiedlicher Zeichnung, von denen man annehmen könnte, dass sie zu einer anderen Art gehören

Vorkommen: Sehr weit verbreitet und häufig; auf trockenen bis feuchten Brachflächen, an Wegrändern und an Bahndämmen.

Lebensweise: Die Rote Keulenschrecke lebt von verschiedensten Süßgräsern. Die Weibchen legen ihre Eier gruppenweise mit einer Schutzschicht (Oothek) in den Wurzelfilz von Grasbüscheln. Nach der Überwinterung schlüpfen die Larven bei warmem Wetter im Frühjahr und verwandeln sich meist erst im August zum ausgewachsenen Grashüpfer.

J	F	M	A	M	J	J	A	S	O	N	D

Säbeldornschrecke *Tetrix subulata*

2 **1**

3

3er-Check

1 Gedrungen, Brustschild mit nach hinten gerichtetem Fortsatz

2 Gerader Kiel auf dem Brustschild

3 Brustschild überdeckt als Dorn mitunter die Hinterflügel

Merkmale: Unterschiedlich gefärbte, mittelgroße Heuschreckenart, deren Weibchen 11–17 mm und Männchen 8,5–14 mm lang sind. Brustschild zu einem unterschiedlich langen, nach hinten gerichteten Dorn ausgezogen der den Hinterleib überragt. Der Mittelkiel des Brustschildes ist fast gerade und schwach ausgeprägt. Die dunkelbraune Grundfarbe variiert zu gelblich, rötlich, orange, grün und grau. Die Vorderflügel sind unterschiedlich lang, aber stets rückgebildet.

Vorkommen: Fast überall und stellenweise häufig in feuchten und nassen Lebensräumen auf Wiesen, in Überschwemmungsgebieten, in Ufernähe von Gewässern, auf Hochwasserdämmen und feuchten Kahlschlägen; bis in Mittelgebirgslagen.

Lebensweise: Entsprechend dem Lebensraum bilden vorwiegend Algen, Flechten und Moose, daneben wohl auch Pilze und vermodernde Pflanzenteile die Nahrungsgrundlage dieser eigentümlichen Schrecke. Neben der großen Vielfalt an Farben ist auch die Formenvielfalt bemerkenswert. Neben Formen mit sehr langem, das Hinterleibsende überragendem Dorn gibt es kurzdornige Formen, bei denen der Dorn nur wenige Millimeter lang ist.

J	F	M	A	M	J	J	A	S	O	N	D

RL V   *Gryllotalpa gryllotalpa*   # Maulwurfsgrille

1

2

1 Sehr große, walzenförmige, braune Grille

2 Vorderbeine mit mächtigen Grabschaufeln

3 Vorderflügel kurz, Hinterflügel lang, längs aufgerollt

3er-Check

3

Merkmale: Sehr große, langgestreckte, walzenförmige Grille von 35–50 mm Länge. Der Körper ist braun gefärbt, samtartig dicht behaart und auf der Unterseite ockerfarben. Der Kopf ist klein, kegelförmig, mit kleinen Augen und relativ kurzen Fühlern. Die Vorderbeine sind – wie beim Maulwurf – als mächtige Grabschaufeln entwickelt (Name!). Die Vorderflügel sind kurz, gerundet und liegen flach auf dem Hinterleib, den sie kaum zur Hälfte bedecken, die aufgerollten Hinterflügel ragen über sein Ende hinaus.

Vorkommen: Verbreitet und nicht selten, jedoch nur in tief gelegenen, wärmeren Gegenden mit feuchten, nicht zu festen Böden in Sümpfen, nassen Wiesen und Gräben sowie im Kulturland.

Lebensweise: Die Maulwurfsgrille lebt unterirdisch in selbst gegrabenen Gängen, die ihr Nest umgeben. Während des Sommers legt sie nach und nach bis zu 300 Eier und pflegt die heranwachsende Brut. Die Larven benötigen 1–2 Jahre für ihre Entwicklung. Die hauptsächliche Nahrung sind Insektenlarven, aber auch Regenwürmer und Wurzeln. In Kleingärten und Feldern kann die Maulwurfsgrille durch Benagen von Wurzeln erhebliche Schäden anrichten und wird deshalb von Gärtnern unnachsichtig verfolgt.

J	F	M	A	M	J	J	A	S	O	N	D

Feldgrille *Gryllus campestris*   RL 3

2 **1**

1 Große, schwarze Grille mit rötlichem Flügelansatz

2 Kopf groß, gewölbt, mit kleinen Augen und langen Fühlern

3 Flügel kurz, flach auf dem Hinterleib liegend

3er-Check

3

Merkmale: Schwarze, 20–26 mm lange, parallelseitig-walzenförmige Grille mit sehr großem, gewölbtem Kopf, der breiter ist als der Brustabschnitt. Die Augen sind klein, vor ihnen sitzen 2 lange Fühler. Die braunen Flügel sind flach, verkürzt und auf dem Hinterleib zusammengelegt, die Hinterschenkel innen rötlich und die Hinterschienen stark bedornt, beim Weibchen ebenfalls rötlich. Am Hinterende erkennt man 2 schlanke, schwach behaarte Fortsätze (Cerci) zwischen denen das Weibchen die lange Legeröhre trägt.

Vorkommen: Sehr weit verbreitet und nicht selten in ungestörten und warmen Lebensräumen, z.B. trockene Wiesen, Waldränder, Halbtrocken- und Trockenrasen mit viel Sonneneinstrahlung.

Lebensweise: Die Feldgrille lebt in selbst gegrabenen Erdröhren und ernährt sich von unterschiedlichen Gräsern und Kräutern. Im Frühjahr legt das Weibchen mehrere hundert Eier in den Boden oder in Hohlräume, wo sich über 11 Larvenstadien im zweiten Sommer die erwachsenen Grillen entwickeln. Volkstümlich bekannt ist der weithin hörbare, zirpende Gesang der Grillen, die man mit einem Grashalm aus ihrem Gang »herauskitzeln« kann.

J	F	M	A	M	J	J	A	S	O	N	D

Acheta domestica **Heimchen**

3er-Check

1 Mittelgroß und bleich gefärbt

2 Kopf und Halsschild mit dunkler Zeichnung

3 Lange Hinterflügel und Körperanhänge (hier Weibchen)

Merkmale: Mittelgroße Grille mit einer Körperlänge von 16–20 mm. Auf weißgelber bis hellbrauner Grundfarbe hat sie eine dunkle Zeichnung auf Kopf und Halsschild, braune, verkürzte Vorder- und lange, längs eingerollte Hinterflügel. Am Hinterende trägt sie 2 lange Anhänge und das Weibchen eine Legescheide.

Vorkommen: Kosmopolit, überall verbreitet in Siedlungen sowie auf Müllhalden. Nicht selten, stellenweise sogar häufig.

Lebensweise: Heimchen sind Kulturfolger, denen der Mensch in Gebäuden und Müllhalden ideale Heimstätten bietet. Für ihre Entwicklung benötigen die Tiere Temperaturen von 31–32 °C und hohe Luftfeuchtigkeit. Ihren Wasserbedarf stillen sie allerdings über die Nahrung, die aus tierischen und pflanzlichen Stoffen jeder Art besteht. So sind gärende Abfallhaufen, warme Keller und Bäckereien über das ganze Jahr hinweg ideale Brutplätze. Da Heimchen auch als Lebendfutter für Amphibien, Reptilien und Vögel geschätzt sind, werden sie zudem über den zoologischen Bedarfshandel verbreitet. Lichtscheu und nachtaktiv verraten sie ihre Anwesenheit durch den zirpenden Gesang der Männchen, weswegen sie in manchen Ländern auch in Käfigen gehalten werden.

J	F	M	A	M	J	J	A	S	O	N	D

Weinhähnchen *Oecanthus pellucens* §

2 **1**

3

1 Mittelgroß, schlank, hellgrün bis gelbbraun (hier Weibchen

2 Lange, glasartig durchsichtige Vorderflügel (hier Männchen)

3 Sehr lange Fühler

3er-Check

Merkmale: Schlanke, unscheinbar hell- bis gelbbraun gefärbte Grille mit einer Körperlänge der Weibchen von ca. 18 mm, der Männchen von ca. 14 mm. Vorderflügel glasartig, hinten gerundet den Hinterleib deckend, die Hinterflügel länger, aufgerollt; Körperanhänge gerade, beim Weibchen parallel zum Legebohrer.

Vorkommen: In warmen Regionen Süd-, West- und Mitteldeutschlands verbreitet; örtlich in Weinbergen, Staudenfluren, auf Ödland und bis in wenig gestörte Gartenanlagen.

Lebensweise: Das Weibchen beißt im Sommer Reihen von Löchern in markhaltige Pflanzenstängel, in die es dann mit Hilfe des Legebohrers jeweils 1 Ei legt. Insgesamt werden auf diese Weise 100–200 Eier verwahrt. Im Juni des folgenden Jahres schlüpfen die Larven und wachsen schnell heran. Sie ernähren sich vorwiegend von Blattläusen, Spinnen und Insektenlarven, nehmen aber auch pflanzliche Kost zu sich. Von Juli bis August »singen« die Männchen weithin hörbar, indem sie ihre Vorderflügel schräg aufstellen und senkrecht aneinander reiben. Dieser Gesang in den Abend- und Morgenstunden, bei trübem Wetter auch tagsüber, erzeugt ein mediterranes Flair.

J	F	M	A	M	J	J	A	S	O	N	D

Ectobius lapponicus **Waldschabe**

1 Flach, relativ klein, Weibchen oval, Männchen lang-oval

2 Halsschild und Flügelränder durchscheinend

3 Kopf weitgehend unter dem Halsschild verborgen

3er-Check

Merkmale: Flache, mit 9 mm Körperlänge der Weibchen und 11 mm der Männchen recht kleine Schabe. Ihr Körper ist flach, im Umriss nahezu stromlinienförmig, breit-gerundet, mit abgerundet-trapezförmigem Halsschild, unter dem versteckt der Kopf liegt. Die Fühler sind länger als der Körper. Die Farbe des Körpers ist gelbbis mittelbraun, das Halsschild des Männchens dunkel. Die Vorderflügel bedecken den Hinterleib; Hinterflügel sind nur beim Männchen entwickelt, beim Weibchen verkümmert.

Vorkommen: Überall verbreitet und nicht selten; in Laub- und Mischwäldern, Heiden, Hecken, Parkanlagen und Gärten.

Lebensweise: Die Waldschabe ernährt sich von pflanzlichen Stoffen. Sie ist tags aktiv und versteckt sich meist im Laub oder in der Bodenstreu. Die Männchen fliegen lebhaft umher und geraten auch in Häuser und Wohnungen, wo sie sich, zumal das Weibchen nicht fliegen kann, im Gegensatz zur Küchenschabe nicht einnisten. Das Weibchen trägt die Eier in einer dunkelbraunen Hülle (Oothek) eine Weile mit sich herum und vergräbt sie dann im Boden. Die Larven überwintern und entwickeln sich im folgenden Jahr.

J	F	M	A	M	J	J	A	S	O	N	D

Deutsche Schabe, Hausschabe *Blattella germanica*

2 **1**

1 Kleine, lang-ovale, sehr flache Schabe

2 Halsschild trapezförmig, mit 2 schwarzen Längsbändern

3 Flügel lang, den Hinterleib bedeckend

3er-Check

3

Merkmale: Körper sehr flach und nur 10–13 mm lang. Von oben gesehen lang-oval, schmal, hell bis mittelbraun gefärbt, gelegentlich mit grünlichen Tönen. Halsschild mit 2 schwarzen Längsbändern, hinten breit, trapezförmig, den Kopf nicht ganz bedeckend. Die Fühler sind fadenförmig und länger als der Körper, die Beine kräftig, lang und bedornt. Die Flügel bedecken den gesamten Hinterleib.

Vorkommen: Kosmopolit unbekannter Herkunft, überall verbreitet, jedoch nur in Gebäuden.

Lebensweise: Die Hausschabe liebt die Wärme und gehört in Häusern zum lästigsten Ungeziefer, da sie vermehrungsfreudig und sehr flink ist und in fast jede Ritze eindringen kann. Volkstümliche Namen wie »Schwaben«, »Russen«, »Franzosen« oder »Preußen« kennzeichnen sie als fremden, unerwünschten Eindringling. Gilt das auch für den Artnamen *»germanica«*? Hausschaben leben von organischen Abfallstoffen und können auf Nahrungsmittel Krankheitskeime übertragen. Ihre Larven benötigen zur Entwicklung nur wenige Monate, sodass im Jahr mehrere Generationen entstehen können.

J	F	M	A	M	J	J	A	S	O	N	D

Blatta orientalis # Küchenschabe

1 2

1 Groß, breit-abgeflacht, dunkelbraun bis schwarz

2 Weibchen kurzflügelig

3 Männchen langflügelig

3er-Check

3

Merkmale: 20-30 mm große, breit-abgeflachte Schabe von dunkelbrauner bis nahezu schwarzer Farbe. Halsschild abgestumpft-dreieckig, den Kopf überdeckend. Fühler lang, fadenförmig. Das Männchen hat bräunlich gefärbte Flügel, die das Hinterleibsende nicht ganz erreichen. Bei den Weibchen sind die Vorderflügel zu kleinen, mandelförmigen Deckplatten verkümmert, die Hinterflügel fehlen. Die Beine sind kräftig und bedornt.

Vorkommen: Als Kosmopolit in Gebäuden weit verbreitet, aber durch Bekämpfung nicht mehr häufig. Ursprüngliche Heimat Südrussland und Mittelasien, wo sie noch heute in der Natur vorkommt.

Lebensweise: Die nachtaktive Küchenschabe – Bäckerschabe, Kakerlak, Orientalische Schabe – war früher vielerorts in Gebäuden verbreitet. Dort fand sie ihre Nahrung, meist stärkehaltige organische Abfälle wie Mehl und Brot, sowie die für ihre Entwicklung notwendige Wärme. Da sie, wie die häufigere Hausschabe, durch Ihre Lebensweise Unrat und Krankheitskeime auf Nahrungsmittel verbringt, wurde sie aus hygienischen Gründen intensiv bekämpft und ist selten geworden. Gelegentlich wird sie über Eier und Larven aus Urlaubsländern eingeschleppt.

J	F	M	A	M	J	J	A	S	O	N	D

Erdhummel *Bombus terrestris* §

2 **1**

1 Körper schwarz, mit gelbbraunen und weißen Binden

2 Ende des Hinterleibs breit weiß

3 »Halsbinde« gelb bis braun

3er-Check

Merkmale: Arbeiterinnen 9–18 mm, Königin 24–28 mm, Männchen 12–20 mm groß. Schwarzer, breiter Kopf mit kurzem Rüssel; gerundete Brust, die wie der Kopf schwarz ist und im vorderen Drittel von einem schmalen, zitronengelben bis gelbbraunen Band gequert wird. Der Hinterleib trägt eine gelblichgraue Binde, seine letzten Segmente sind stets breit weiß. Die Farben variieren zwar, wie bei allen Hummeln, doch ist das weiße Hinterleibsende unverwechselbar.

Vorkommen: Überall und sehr häufig in Natur- und Kulturland.

Lebensweise: Die begatteten Königinnen überwintern an einem vor Wind und Kälte geschützten Platz. Sie gehören im März zu den ersten Blütenbesuchern. Meist beißen sie tiefe Blüten seitlich auf, da ihr kurzer Rüssel sonst den Nektar nicht erreicht. Sorgfältig wählen sie einen tief im Boden liegenden Hohlraum, z. B. einen alten, unbewohnten Mäusegang, für die Nestanlage aus. Sobald die Königin die ersten Arbeiterinnen herangezogen hat, kann das Nest zu beträchtlicher Größe mit einem Hummelvolk von bis zu 300 Tieren heranwachsen. Im Juli erscheinen dann neue Königinnen.

J	F	M	A	M	J	J	A	S	O	N	D

§   *Bombus pratorum*   **Wiesenhummel**

3er-Check

1 Körper schwarz, mit gelborangen Binden

2 Kopf schwarz, mit gelbem Pelzkragen

3 Hinterleib mit orangeroter Endbehaarung

Merkmale: Arbeiterin 9–15 mm, Königin 16–20 mm, Männchen 14–16 mm. Kopf breit, mit kragenartigem, gelblichem Halsring. Brust schwarz, struppig behaart. Hinterleib mit einem schmalen, gelben bis weißen Querband, das Ende hell bis rostrot. Die Färbung variiert je nach Alter und Geschlecht sowie individuell. Es fällt nicht leicht, nur anhand von Zeichnung und Farbe Hummel-Arten zu identifizieren. Das gilt besonders für junge Hummeln, die, anfangs pelzig grau, sich erst mit der Zeit umfärben.

Vorkommen: Weit verbreitet und sehr häufig; sehr früh, oft nur bis Juli, kann jedoch auch 2 Generationen haben.

Lebensweise: Die Königin legt das Nest aus zerkleinertem Pflanzenmaterial meist oberirdisch in Ackerfurchen, herumliegenden Gefäßen wie Blumentöpfen oder Eimern, in Baumhöhlen, alten Vogelnestern oder Vogel-Nistkästen an. Es kann bis zu 200 Zellen enthalten und ist durch einen Wachsüberzug geschützt. Hummeln können mit ihrem nach oben gebogenen Stachel schmerzhaft stechen, nur die Männchen sind, wie auch bei Bienen und Wespen, stachellos.

J	F	M	A	M	J	J	A	S	O	N	D

Steinhummel *Bombus lapidarius* §

1

2

1 Schwarz, samtartig behaart, mit einzelnen helleren Zonen

2 Rotes Hinterleibsende

2er-Check

Merkmale: Arbeiterin 10–18 mm, Königin 24–27 mm, Männchen 15–18 mm groß. Dicht samtartig behaart, mit relativ kleinem Kopf, Flügel bräunlich. Kopf, Brust und Schenkel schwarz, Schienen und Fußglieder braun, Hinterleib schwarz, mit unterschiedlich ausgeprägten, gelblichen bis weißen Ringen. Das Hinterleibsende ist stets leuchtend rot bis bräunlichrot.

Vorkommen: Verbreitet und nicht selten.

Lebensweise: Die Königinnen erscheinen erst Ende April/Anfang Mai als letzte Hummeln. Sie fliegen auch bei bedecktem Himmel und regnerischem Wetter. Ihr Nest legen sie gerne in alten Steinhaufen an, aber auch in der Erde und in Mauerhohlräumen. Es wird sorgfältig aus zerkleinertem, trockenen Pflanzenmaterial geformt. Die Königin stellt Klumpen aus Pollen und Nektar her, die sie mit jeweils 1 Ei belegt und mit Wachs überzieht. Die Larven spinnen einen Kokon, der später als Vorratsbehälter dient. Die ersten Arbeiterinnen sind sehr klein und ernähren den neuen Hummelstaat, der bis auf 300 Hummeln anwächst. Sie besuchen vielerlei Blüten und nicht, wie die Erdhummel, nur Klee und Luzerne.

J	F	M	A	M	J	J	A	S	O	N	D

§   *Bombus agrorum* **Ackerhummel**

1

2er-Check

1 Brust oben gelbbraun, seitlich hell behaart

2 Kopf schmal, höher als breit, Gesicht hell behaart

2

Merkmale: Arbeiterin 12–15 mm, Weibchen 18–22 mm, Männchen 15–18 mm, mitunter Zwergformen, die kaum größer als eine Fliege sind. Der Kopf ist höher als breit, braunrot, mit weiß behaartem »Gesicht«. Die Behaarung der Brust ist oben gelbbraun, untermischt mit einzelnen schwarzen Haaren. Der struppig behaarte Hinterleib ist graugelb, selten farbig gebändert und am Hinterende grau- bis rotbraun.

Vorkommen: Sehr weit verbreitet und sehr häufig.

Lebensweise: Die Königin beginnt im Mai ein Bodennest aus Pflanzenmaterial auf einem Kleefeld oder einer Wiese anzulegen. Es werden aber auch alte Vogelnester, Töpfe und Mauerhöhlungen zum Nisten aufgesucht. Für das Nest wird trockenes Gras und Moos geraspelt und mit Genist abgedeckt, aber nicht, wie bei der Wiesenhummel, mit Wachs verkittet. Die Brutzellen werden aus Wachs geformt, wobei das Nest mit 30–50 Bewohnern recht klein bleibt. Männchen erscheinen erst im August. Die Hummeln spielen vom März bis zum Oktober eine große Rolle bei der Bestäubung von Blüten und sind im Obst- und Gartenbau unentbehrlich.

J	F	M	A	M	J	J	A	S	O	N	D

Wollschweber *Bombylius major* §

1 Hummelartig, aber mit 2 Flügeln (Fliege, keine Hummel!)

2 Flügel mit dunklem Vorderrand, breit gespreizt stehend

3 »Steht« mit vorgestrecktem Saugrüssel vor Blumen

3er-Check

Merkmale: In Gestalt und Größe (8–12 mm) leicht mit einer Hummel zu verwechselnde Fliege mit 5,5–8 mm langem, stets ausgestrecktem (nicht wie bei Hummeln eingerolltem) Rüssel und als Fliege mit nur 2 (nicht 4) Flügeln. Die sehr großen Augen sind nach vorn gerichtet, stoßen auf dem Scheitel aneinander und sind hinten durch einen schwarzen Haarkranz begrenzt. Die Brust ist dicht mit hell bräunlichen Haaren besetzt, die Flügel sind entlang des Vorderrandes breit dunkelbraun bis schwarzgrau. Der große, rundliche Hinterleib trägt einen rot- bis dunkelbraunen Pelz.

Vorkommen: Verbreitet und nicht selten; an Wald- und Wegrändern, auch in Gärten.

Lebensweise: Dieser Hummelschweber erscheint im zeitigen Frühjahr und fällt auf, weil er wie ein kleiner Kolibri mit lang vorgestrecktem Saugrüssel in schwirrendem Flug vor Blüten scheinbar in der Luft »steht«. Dabei hält er sich allerdings meist mit den langen Vorder- und Mittelbeinen an der Blüte fest. Seine Larven leben als Parasiten in den Erdnestern von solitären Bienen.

J	F	M	A	M	J	J	A	S	O	N	D

Xylocopa violacea **Holzbiene**

1 Groß, grau bis violettschwarz

2 Flügel überwiegend violett

3 Sammeleinrichtung für Pollen fehlt

3er-Check

Merkmale: Eine 21–24 mm große, im Flug einer Hummel ähnliche Biene von schwarzvioletter Farbe. Kopf, Brust und Hinterleib sind dicht nadelstichartig punktiert und grauschwarz behaart. Die Flügel sind irisierend blauviolett und gehen zum Ende in bräunliche Farbtöne über. Auch die Beine und Fühler sind schwarz. Ihr Körper hat keine Sammeleinrichtungen für Pollen.

Vorkommen: Selten und nur in warmen Gegenden; vorwiegend in Talauen mit Streuobstbestand, Parkanlagen und Gärten.

Lebensweise: Die Holzbiene ist zum Brüten auf verdorrte, trockene Äste, Baumstämme oder alte Pfähle angewiesen, die mürb aber noch nicht morsch sind (Name!). In diese nagt sie an sonnenbeschienenen Stellen tiefe Gänge, um Brutkammern anzulegen. Nachdem sie in ihrem Kropf Pollen für die Larve eingetragen hat, legt sie in jede Kammer 1 Ei und verschließt sie mit einer Trennwand aus geraspeltem, mit Speichel verklebtem Holz. Die Larven entwickeln sich in wenigen Wochen und im Spätsommer erscheinen weibliche und männliche Holzbienen. Sie überwintern als Gemeinschaften in Höhlungen und verpaaren sich erst im Frühjahr des folgenden Jahres.

J	F	M	A	M	J	J	A	S	O	N	D

Rotbraune Mauerbiene *Osmia rufa* §

2 **1**

3er-Check

1 Klein, sehr stark behaart

2 Behaarung der Brust gelbbraun

3 Behaarung des Hinterleibes kräftig rotbraun

Merkmale: 8–12 mm groß, Kopf und Brust schwarz, Hinterleib erzfarben glänzend. Die Behaarung des Kopfes ist beim Weibchen schwarz, beim Männchen im Gesicht weiß, die der Brust hell gelbbraun. Auffallend und namengebend ist die kräftig rotbraune Behaarung des geringelten Hinterleibes, die beim Weibchen auf der Bauchseite besonders stark ist. Das Weibchen besitzt einen beborsteten Sammelapparat.

Vorkommen: Weit verbreitet und häufig; in Waldgebieten, Streuobstwiesen, Hecken und als Kulturfolger in Städten.

Lebensweise: Im zeitigen Frühjahr fällt diese sehr häufige Mauerbienen auf, wenn sie an Gebäuden und Mauern nach Nistgelegenheiten und an blühenden Weiden und Gartenblumen nach Nahrung sucht. Sie legt in unterschiedlichsten Hohlräumen, von der Mauerritze bis zum Schlüsselloch, Brutgänge mit mehreren Brutkammern an, trägt in diese Pollen und etwas Nektar ein, legt in jede 1 Ei und verschließt sie durch eine Trennwand. Zuletzt wird der Brutgang verschlossen. Nach der Entwicklung zur fertigen Biene bleibt diese vom August bis zum folgenden Frühjahr in ihrer Brutkammer.

J	F	M	A	M	J	J	A	S	O	N	D
		▣	▣	▣	▣						

§ *Apis mellifica* **Honigbiene**

1 **2**

1 Behaart, braun bis schwarz mit helleren Farbtönen

2 Hinterleib meist deutlich grau bis gelb geringelt

3 Männchen plump, mit großen Augen

3er-Check

3

Merkmale: Arbeiterin 11–14 mm, Königin 14–20 mm mit lang gestrecktem Hinterleib, Männchen (»Drohne«) 14–16 mm groß, gedrungen, mit sehr großen Augen. Körper braun bis schwarz, nadelstichartig punktiert und grau bis braun behaart, mitunter Hinterleibsringe gelbbraun. Trotz zahlreicher Rassen recht einheitlich.

Vorkommen: Überall in Feld, Wald, Wiese und Siedlungen.

Lebensweise: Die Honigbiene ist ein sozialer Hautflügler, der in Völkern von bis zu 80 000 Tieren lebt. Zu einem Volk gehört als Eier legendes Weibchen eine einzige Königin, die mehrere Jahre lebt. Nistraum ist ein Bienenstock, bei wilden oder verwilderten Bienen in einem Hohlraum eines Baumes oder Gemäuers, in dem die Brut in Waben aus Wachs großgezogen wird. Die unfruchtbaren Arbeiterinnen haben eine nach Alter geregelte Arbeitsteilung. Nacheinander sind sie als Putzfrauen, Ammen, Bauarbeiterinnen, Wachsoldaten und schließlich als Sammelbienen tätig, die Pollen und Nektar als Nahrung eintragen und Nektar zu Honig verarbeiten. Im Sommer verlassen junge Königinnen mit jeweils einem Schwarm den Stock und gründen ein neues Volk.

J	F	M	A	M	J	J	A	S	O	N	D

Sandbiene *Andrena cineraria* §

3er-Check

1 Dunkel gefärbte, 10–14 mm große Biene (hier Weibchen)

2 »Gesicht« mit weißen Haaren

3 Brust pelzig weiß, bei Weibchen mit schwarzem Querband

Merkmale: Dunkel gefärbte, überwiegend schwarze, 10–14 mm große Biene mit dichter, pelziger Behaarung und hellgrauen Flügeln. Das Gesicht ist weiß behaart, ebenso die Brust, über die beim Weibchen eine Binde schwarzer Haare zieht. Die Oberschenkel tragen ebenfalls weiße Haare. Der Hinterleib ist schwächer behaart, mit hellen Haarkränzen an den einzelnen Segmenten.

Vorkommen: Von der Ebene bis in die Mittelgebirge verbreitet und nicht selten; in sandigen Gegenden.

Lebensweise: An trockenen Stellen mit schütterem Pflanzenwuchs graben die Weibchen im April und Mai Hohlräume in die Erde. In einer Tiefe von 10–20 cm legen sie dann einige, meist nur 2–3, Brutzellen an. Diese glätten sie innen mit einem Sekret. Der Eingang zum Nest bleibt während der Sammelflüge offen, wird jedoch bei schlechtem Wetter oder bei Störung sowie während der Nacht mit Erde zugeschoben. Die geschlüpften Bienen überwintern im Nest und haben nur 1 Generation pro Jahr. In Mitteleuropa gibt es über 100, teils häufige Sandbienen-Arten.

J	F	M	A	M	J	J	A	S	O	N	D

§   *Colletes daviesanus* **Seidenbiene**

1 Kleine, schlanke, schwarze Biene

2 Kopf und Brust mit rotbraunem Pelz

3 Hinterleib durch Haarkränze weiß geringelt

3er-Check

Merkmale: Nur 8–11 mm große, schwarze Biene mit brauner und heller Behaarung. Kopf und Brust sind von einem rotbraunen Pelz überzogen, der zur Unterseite hin und auf den Schenkeln weißlich ist. Der Hinterleib ist durch weiße Haarkränze deutlich in die Segmente gegliedert. Die Fühler des Männchens sind auffallend groß.

Vorkommen: Überall verbreitet und häufig bis sehr häufig; in Lehm- und Sandgruben, an Lößwänden und an Mauerwerk.

Lebensweise: Seidenbienen graben ihre Nester selbst in den Untergrund und besiedeln sie mehrmals. Vielfach liegen Nester in großer Zahl nebeneinander. Die Brutzellen kleiden sie mit einer hauchdünnen, wasserdichten Membran aus, die wie eine kleine, gerundete, durchscheinende Plastiktüte aussieht und seidenartig schimmert (Name!). In ihr werden Pollen und Nektar als »Bienenbrot« eingelagert und 1 Ei gelegt. Ein Nest enthält nur wenige, meist 2–6 ineinander verschachtelte Brutzellen, in denen die Larve überwintert. Die Männchen und Weibchen schlüpfen erst im Sommer und übernachten meist im Nest oder in einem Erdloch.

J	F	M	A	M	J	J	A	S	O	N	D

Gewöhnliche Wespe *Vespula vulgaris*

2 **1**

1 Hinterleib mit schwarz-gelber
Zeichnung (hier Männchen)

2 Schwarzer, ankerförmiger Fleck
auf der Stirn

3 Schwarze Hinterleibszeichnung
gerundet und ausgedehnt

3er-Check

3

Merkmale: Arbeiterinnen 10-14 mm, Königin 16-19 mm und Männchen 13-16 mm groß. Der Kopf ist schwarz-gelb und trägt einen von vorn sichtbaren schwarzen Fleck auf der Stirn, der etwa die Gestalt eines Ankers hat. Auf der schwarzen Brust liegen vorn 2 gelbe Streifen, hinten 4 gelbe Flecke. Der Hinterleib ist gelb und durch schwarze Flecken und Binden gekennzeichnet. Diese Zeichnung variiert, indem die schwarzen Flecken verschmelzen. Das Männchen hat längere Fühler und ein breiteres, abgestumpftes Hinterleibsende (Foto 1).

Vorkommen: Fast überall verbreitet und häufig.

Lebensweise: Das kugelige bis langgestreckte Nest besteht aus mehreren Wabenschichten, die durch eine Hülle aus Holzmaterial umschlossen sind. Es wird in der Erde, in Hohlräumen oder frei im Gebälk von Gebäuden angelegt. Die Larven erhalten vorwiegend fleischliche Kost, erst ab dem Hochsommer suchen die Wespen süße Säfte und Früchte, was zu einer Belästigung der Menschen und, wenn diese unvorsichtig sind oder sich falsch verhalten, zu Stichen führt, die für Allergiker lebensbedrohend sein können.

J	F	M	A	M	J	J	A	S	O	N	D

Vespula germanica **Deutsche Wespe**

3er-Check

1 Hinterleib mit schwarz-gelber Zeichnung (hier Arbeiterin)

2 Stirn mit 3 schwarzen Punkten

3 Schwarze Hinterleibszeichnung mit geraden Rändern

Merkmale: Arbeiterinnen 12–16 mm, Königin 17–20 mm und Männchen 13–17 mm groß. Der Kopf ist schwarz-gelb gezeichnet. Von vorn gesehen ist er gelb mit 3 schwarzen Flecken im Gesicht. Der obere Rand der Kiefer ist etwas eingebuchtet. Die schwarze Brust trägt vorne 2 gelbe Streifen und hinten 4 gelbe Flecken; der Hinterleib ist gelb und durch keilförmig auslaufende schwarze Bänder und Punkte gezeichnet. Verwechslungen mit der Gewöhnlichen Wespe sind möglich.

Vorkommen: Fast überall verbreitet und häufig.

Lebensweise: Das Nest wird meist im Boden in verlassenen Mäusegängen und -nestern angelegt. Es kann im Sommer zu einer beträchtlichen Größe heranwachsen und einen Umfang von mehr als 2 m erreichen. Es ist aus einer Papiermaché-artigen Masse gefertigt, die die Wespen aus zerraspeltem Holz herstellen, und es kann mehrere tausend Wespen beherbergen. In der Nähe des Nestes sind die Wespen sehr aggressiv, nicht aber, wenn sie fern von diesem auf Futtersuche sind. Nur junge, begattete Königinnen überwintern.

J	F	M	A	M	J	J	A	S	O	N	D

Hornisse *Vespa crabro* §

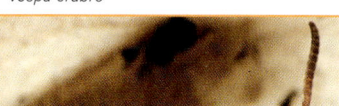

1 Sehr große Wespenart

2 Rot-schwarze, U-förmige Zeichnung auf der Brust

3 Hinterleib schwarz-gelb geringelt, an der Basis rotbraun

3er-Check

Merkmale: Arbeiterinnen 18–25 mm, Königin 25–35 mm und Männchen 21–28 mm groß. Kopf gelbbraun; Brust braun, mit roten Schultern und roter, eng U-förmiger Zeichnung. Erstes Hinterleibssegment rotbraun, die folgenden gelb mit schwarzer Zeichnung. Flügel bräunlich bis rötlich.

Vorkommen: Verbreitet aber nicht häufig; in offenem Gelände mit alten Bäumen sowie im Bereich von Siedlungen.

Lebensweise: Nur die überwinterte Königin beginnt im Frühjahr in einem Hohlraum – Baumhöhle, Vogelnistkasten, Rollladenkasten – aus zerraspeltem Holz ein Papiernest mit einer Wabe zu bauen. Die sich darin entwickelnde Kolonie von Arbeiterinnen vergrößert es im Lauf des Sommers auf 6–8 Waben und eine Volksstärke von 100–700 Tieren. Hornissen sind räuberisch und fressen hauptsächlich andere Insekten wie Bienen, Wespen, Falter und Libellen, verschmähen aber auch Süßigkeiten nicht. Sie sind bis zu 22 Stunden Tag und Nacht aktiv, friedfertig, jedoch bei Störung aggressiv. Ihr Stich ist schmerzhaft, aber nur für Allergiker lebensbedrohend.

J	F	M	A	M	J	J	A	S	O	N	D

Polistes dominulus **Feldwespe**

1 Schlank, mit sehr langen Beinen

2 Ausgeprägte »Wespentaille«

3 Brust schwarz, mit länglichen gelben Flecken und Streifen

3er-Check

Merkmale: Größe der Arbeiterin 12–15 mm, der Königin 13–18 mm, der Männchen 12–16 mm. Kopf schwarz, mit zahlreichen länglichen Flecken. Brust hoch, mit gelbem Querstrich hinter dem Kopf, 2 kleinen, Komma-ähnlichen Flecken und 2 schräg nach hinten gerichteten feinen Streifen. Flügel schmal, Beine sehr lang. Ausgeprägte »Wespentaille«, die den schlanken, schwarz-gelben Hinterleib mit der Brust verbindet.

Vorkommen: An unterschiedlichen warmen Standorten; meist in Siedlungen unter Dächern und hohlen Bauteilen.

Lebensweise: Die Waben der meist sehr kleinen Nester werden jeweils gemeinsam von mehreren Königinnen frei hängend an einem Stiel und ohne eine Hülle angelegt. Man findet sie nur an geschützten Stellen in Hohlräumen unter Dachziegeln, an Balken oder auf Dachböden. Mit einem Durchmesser von höchstens 10 cm enthalten sie bis 150 Zellen, die von bis zu 30 Königinnen in einer strengen Rangordnung betreut werden. Feldwespen sind vorwiegend Blütenbesucher. Zwar verteidigen sie ihre Waben, sie sind aber sonst friedfertig und für den Menschen kaum gefährlich.

J	F	M	A	M	J	J	A	S	O	N	D

Bienenwolf *Philanthus triangulum*

3er-Check

1 Wespe mit breitem, schwarz-gelb geringeltem Hinterleib

2 Brust behaart

3 Kopf schwarz, mit weißgelber Binde im Gesicht

Merkmale: Die Weibchen sind 13–17 mm, die Männchen 8–10 mm groß. Der Kopf ist schwarz, mit großen Augen, großen Punktaugen, kurzen Fühlern und einer weißgelben Binde zwischen den Augen und den Fühlerwurzeln. Die Brust ist schwarz, dicht nadelstichartig punktiert, mit gelben Flecken und einer dichten, kurzen Behaarung. Der Hinterleib trägt auf gelbem Grund schwarze Binden, die auf der Brust am breitesten sind. Weibchen besitzen an den Vorderbeinen kräftige Grabfüße.

Vorkommen: Nicht selten in wärmebegünstigten Gegenden mit sandigen oder lehmigen Böden; verbreitet in Siedlungsnähe.

Lebensweise: Die Nester liegen dicht beieinander an trockenen Stellen bis 1,5 m tief in der Erde und haben jeweils 3–8 Brutzellen. Der Bienenwolf jagt auf Blüten Honigbienen (Name!), die er mit einem Stich zwischen die Vorderbeine lähmt. Fliegend transportiert er die Beute unter seinem Bauch in das Nest, wo 1–7 Honigbienen in jeder Brutzelle einer Larve als Nahrung bei deren schnellen Entwicklung dienen. Der Schaden, der für die Imkerei entsteht, ist allerdings sehr gering.

| J | F | M | A | M | J | J | A | S | O | N | D |

RL 3, §   *Bembix rostrata*   # Kreiselwespe

3er-Check

1 Bienenähnliche Gestalt mit Wespenzeichnung

2 Große, grünliche Augen

3 Schwarzer Hinterleib mit gelben, gewellten Bändern

Merkmale: 15–24 mm große Wespe von bienenähnlicher Gestalt, jedoch mit Wespenzeichnung. Der Kopf ist breit, mit großen, grünlichen, am Hinterrand mit einer schwarzen und einer gelben Linie eingefassten Augen und einem weißen Gesicht. Die Brust ist fein bräunlich behaart, mit einzelnen gelben Flecken am Rand. Hinterleib breit, relativ flach und schwarz gelb geringelt. Die gelben Ringe sind auf der Brust geschwungen und in der Mitte häufig unterbrochen.

Vorkommen: In Sandgebieten verbreitet und nicht selten.

Lebensweise: In größeren Kolonien, die durch das lebhafte Gehabe der Wespen auffallen, graben die Weibchen Gänge in den Sandboden, die nach 10–15 cm in eine einzige Zelle münden. Dort wird 1 Fliege und 1 Ei deponiert. Jedes Weibchen legt bis zu 6 solcher Gänge an und betreibt dann eine intensive Brutpflege, indem es die Entwicklung der heranwachsenden Larven kontrolliert. Es versorgt sie laufend mit frischen, paralysierten Fliegen als Futter und verschließt nach jedem Besuch die Nestöffnung wieder sorgfältig mit kleinen Steinchen.

J	F	M	A	M	J	J	A	S	O	N	D

Lehmwespe *Odynerus spinipes*

Ber-Check

1 Kleine Wespe mit fein schwarz-gelb geringeltem Hinterleib

2 Stark eingeknickte Taille

3 Kopf und Brust schwarz mit gelber Zeichnung

Merkmale: 9,5–12,5 mm große schwarz-gelbe Wespe mit rundlichem, schwarzem Kopf, gelbem Fleck oberhalb der Kiefer und je 1 gelben Fleck hinter den Augen. Fühler dunkel, keulenartig gebogen, mit gelbem Grundglied. Die Brust ist rundlich, kräftig nadelstichartig punktiert und trägt einige gelbe Flecke. Hinten ist sie deutlich nach unten gezogen, sodass die Taille abgeknickt erscheint. Der hochgebogene Hinterleib ist glatt, schwarz-gelb geringelt. Die Beine haben schwarze Schenkel und sind sonst überwiegend gelb, an den Gelenken rotorange.

Vorkommen: Weit verbreitet und nicht selten; in Hohlwegen, an Lehmwänden, an Trockenmauern und an Gebäuden.

Lebensweise: Die Lehmwespe gräbt mit ihren Kiefern Gänge in senkrechte Wände, wobei sie das ausgeräumte lehmige Material anfeuchtet und zu einer Eingangsröhre verkittet, die einem Wasserhahn ähnlich sieht. Am Ende des Ganges legt sie eine Traube von Brutzellen an, hängt in jeder 1 Ei an die Decke und versorgt es mit einem Vorrat an Rüsselkäferlarven. Später verschließt sie das Nest mit dem Material des Schornsteins.

J	F	M	A	M	J	J	A	S	O	N	D

Eumenes pedunculatus **Pillenwespe**

1

1 Schwarz, mit gelben Flecken und gelb geringeltem Hinterleib

2 Hinterleibsstiel glockenförmig

3 Nest: kleine, urnenähnliche Tönnchen

3er-Check

2

3

Merkmale: Die Weibchen dieser sehr schlanken Wespe sind 13–17 mm, die Männchen 11–15 mm groß. Sie fallen durch ihre schwarz-gelbe Zeichnung und ihren gestielten Hinterleib auf. Die Fühler sind lang, schwarz, am Grund gelb; Gesicht mit weißem Fleck. Die Brust trägt einen gelben Kragen und einzelne kleine, gelbe Flecken. Das erste Hinterleibssegment ist schmal-glockenförmig, gestielt und viel schmaler als der übrige Hinterleib, der birnförmig aufgebläht sich nach einer Stufe zum Ende hin zuspitzt. Er ist ebenfalls durch gelbe Flecke und eine gelbe Binde gezeichnet.

Vorkommen: Nicht selten; in Steinbrüchen und Kiesgruben, an Waldrändern, Trockenhängen, auf Heiden, in Gärten und Parks.

Lebensweise: Diese Wespe baut aus Lehm kleine, urnenartige, wie große Pillen aussehende Nester im Schutz von Steinen und Rinde und zwischen unterschiedlichen Gegenständen. Die Nestöffnung hat einen kragenartigen Rand. Das Weibchen heftet von außen 1 Ei an die innere Decke der »Pille« und füllt sie mit kleinen Schmetterlingsraupen. Anschließend wird die »Pille« mit dem Lehm des Kragens verschlossen.

J	F	M	A	M	J	J	A	S	O	N	D

Tönnchenwespe *Auplopus carbonarius*

2 **1**

3er-Check

1 Schlanke, kleine schwarze Wespe

2 Weißlicher Punkt am Grund des Hinterleibs

3 Flügel bräunlich

Merkmale: Die Weibchen dieser kleinen Wespe sind 7-10 mm, die Männchen nur 6-8 mm groß. Der Kopf ist etwas breiter als Brust und Hinterleib; Fühler lang und gebogen. Der schwarze, schwach glänzende Körper ist spärlich behaart. Am Grund des Hinterleibs befindet sich ein kleiner weißer Fleck. Beine kahl, Mittel- und Hinterschienen mit kräftigem Sporn. Die Flügel sind bräunlich.

Vorkommen: Weit verbreitet und häufig, auch im Siedlungsbereich.

Lebensweise: Ihr Nest baut diese Wespe sowohl offen an Wänden, Felsen oder Holz als auch an geschützten Stellen in Hohlräumen von Ziegeln oder Holzverschalungen. Manchmal nutzt sie auch kleine Hohlräume in Schneckenhäusern oder Bohrgänge in Balken und Pfosten zum Nestbau. Das Nest hat die Gestalt kleiner, aus Lehm und Sand verfertigter Tönnchen (Name!), die oft mit den Tönnchen von Artgenossen zu kleinen Kolonien zusammengekittet werden. Die in das Nest eingetragene Larvennahrung besteht aus paralysierten Spinnen, denen für einen reibungslosen Transport nicht selten die Beine abgebissen werden.

J	F	M	A	M	J	J	A	S	O	N	D

Crabro cribarius **Wegwespe**

3er-Check

1 Schlank, schwarz-gelb gezeichnet

2 Großer Kopf mit sehr großen Augen

3 Männchen mit schildartig verbreiterten Vorderschienen

Merkmale: Das Weibchen dieser schwarz-gelben Grabwespe ist 11-18 mm, das Männchen 9-16 mm groß. Der Kopf ist schwarz und breit mit großen Augen, der vordere Bereich der Brust deutlich gefurcht; Kopf und Brust sind insgesamt fein behaart. Bei den Männchen sind die Schienen der Vorderbeine zu großen Schilden verbreitert, die bräunlich gefärbt sind und helle Flecken tragen. Der Hinterleib ist schlank und lang, unterseits flach, auf der Oberseite kahl, glänzend schwarz, mit einem gelben Halbring auf jedem Segment. Die Beine sind, bis auf die schwarzen Oberschenkel, ebenfalls gelb.

Vorkommen: Weit verbreitet und häufig; in unterschiedlichsten Lebensräumen, bis in den Siedlungsbereich.

Lebensweise: Die Wegwespen findet man im Sommer recht häufig auf Doldenblütlern, wo sie Nektar saugen. Ihr Nest legen sie, wie alle Grabwespen, unterirdisch in einem selbst gegrabenen Gangsystem an. Es enthält in etwa 15-20 cm Tiefe an den Gangenden 3-5 Zellen, in die als Larvenfutter 5-8 paralysierte Beutetiere eingetragen werden. Meist sind es Fliegen, Bremsen oder Raubfliegen, die im Fluge erbeutet wurden.

J	F	M	A	M	J	J	A	S	O	N	D

Heuschrecken-Grabwespe

Sphex rufocinctus RL G

3er-Check

1 Schlanke Wespe mit langen Fühlern

2 Hinterleib vorne orangerot, hinten schwarz

3 Beine der Weibchen teilweise rot

Merkmale: Das Weibchen dieser Grabwespe ist 16–25 mm groß, das Männchen 15–19 mm. Wie die meisten Grabwespen langgestreckt, mit großen Augen und Fühlern, tropfenförmiger Brust und einem an einem Stiel ansitzenden langen, zweifarbigen Hinterleib. Kopf und Brust sind mattschwarz, fein weißgrau behaart. Die Flügel sind schmal und lang, bräunlich-rauchfarben. Der Hinterleib ist in der vorderen Hälfte leuchtend orangerot, sein zugespitztes Ende glänzend schwarz. Die langen Beine sind schwarz, bei den Weibchen teilweise rot.

Vorkommen: Vereinzelt und selten auf offenen, locker bewachsenen Sandflächen und Trockenrasen.

Lebensweise: Diese Grabwespe legt ihr Nest meist in engster Nachbarschaft zu anderen der gleichen Art an. Es liegt etwa 10 cm tief im Boden und hat 2–4 Brutkammern. Während ihrer Jagd auf Heuschrecken lässt die Wespe den Nesteingang offen. Sie überfällt selbst Laubheuschrecken, die größer als sie sind, und trägt die betäubten Opfer fliegend zum Nest. Jede Brutkammer erhält 4–5 Heuschrecken als Nahrung für die Larve, die sich in wenigen Wochen entwickelt.

J	F	M	A	M	J	J	A	S	O	N	D

RL 3   *Ammophila pubescens*   # Sand-Grabwespe

3er-Check

1 Langgestreckt, mit kurzen Flügeln

2 Zwischen Brust und Hinterleib sehr langer Stiel

3 Hinterleib schwarz, mit orangerotem Band

Merkmale: Sehr lang gestreckte, auffallende Wespe von 16–24 mm Körperlänge der Weibchen und 14–19 mm der Männchen. Am breiten, schwarzen Kopf nehmen die runden Augen fast die ganze Seite ein. Fühler und Beine sind lang und schwarz, die breite, schwarze Brust ist zwischen den Flügelansätzen glänzend und nicht behaart. Der Hinterleib ist sehr lang gestielt, spindelförmig, etwa doppelt so lang wie die Brust und teilweise orangerot. Die hinteren Segmente des Hinterleibs sind mattschwarz, die letzten glänzend schwarz.

Vorkommen: Auf trockenen Böden mit schütterem Bewuchs und sandigen Wegen weit verbreitet und stellenweise häufig.

Lebensweise: Die Weibchen versorgen oft mehrere Nester gleichzeitig. Sie graben Gänge bis zu 10 cm tief in den Sand, schaffen den Aushub fort und verschließen den Gang mit einem Steinchen. Als Futter für die Larven tragen sie Raupen von Spannern ein und pflegen ihre Brut, indem sie ständig weiter neue Raupen herbeischaffen. Dann stopfen sie die Nester, in denen die Larve überwintert, mit Sand zu und decken mit Steinchen ab.

| J | F | M | A | M | J | J | A | S | O | N | D |

Große Birkenblattwespe

Cimbex femorata

RL 3, §

3er-Check

1. Groß und plump, schwarz

2. Fühlerenden keulig verdickt, orange bis weißlich

3. Hinterleib des Weibchens braunrot mit gelbem Fleck

Merkmale: Schwarze, einer kleinen, 15–28 mm großen Biene ähnliche Blattwespe, deren Fühlerenden keulig verdickt sind und eine orange bis weiße Spitze haben. Der Kopf ist breit, mit großen Augen; die Vorderflügel haben einen dunklen Saum und sind mit einer Spannweite von 40–55 mm deutlich größer als die Hinterflügel. Der Hinterleib ist kräftig, beim Männchen schwarz mit violettem Schimmer, beim Weibchen braunrot bis gelblich.

Vorkommen: Verbreitet bis 1000 m Höhe, jedoch nicht häufig.

Lebensweise: Diese schwerfällige Blattwespe ringelt mit ihren Kiefern die Rinde junger Zweige, um den Saft aufzulecken. Ihre Eier legt sie einzeln in Blätter der Birke. Die raupenähnlichen, grünen Larven (S. 225) fressen abends und nachts, reiten dabei S-förmig gekrümmt am Blattrand und ruhen tagsüber eingerollt auf Blättern. Zur Abwehr von Gefahr und Feinden beginnen sie aus kleinen Poren zu bluten. Sie überwintern 2-mal in einem länglicheiförmigen Kokon, den sie an Zweige ankitten. Die Verpuppung erfolgt erst im folgenden Frühjahr, kurz bevor das Insekt schlüpft.

J	F	M	A	M	J	J	A	S	O	N	D

Chrysis ignita **Goldwespe**

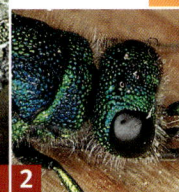

1 2

3er-Check

1	Leuchtend blau und rot gefärbte kleine Wespe
2	Körper sehr stark grübchenartig punktiert, glänzend
3	Fühler abgeknickt

3

Merkmale: Leuchtend bunte, bienenähnliche Wespe von sehr wechselnder Größe (5–13 mm Körperlänge). Der Kopf ist gerundet, mit großen Augen, 3 halbkugeligen Punktaugen und abgeknickten Fühlern. Die Brust ist kräftig, breit und trägt die schwarzen Beine sowie 2 große und 2 kleinere, durchscheinende bis bräunliche Flügel. Der Hinterleib ist etwas länger als die Brust. Der ganze Körper ist mit kräftigen und tiefen Punktgruben übersät und fein behaart. Kopf und Brust haben eine blau und grün changierende Färbung und glänzen, wie auch der dunkelrot bis violett überhauchte Hinterleib, metallisch in vielen Farbnuancen.

Vorkommen: In unterschiedlichsten Lebensräumen häufig; auch in Dörfern und Städten verbreitet.

Lebensweise: Goldwespen sind Brutschmarotzer verschiedenster Bienen- und Wespenarten. Häufig sieht man, wie sie flink auf Mauern und Verschalungen die Nester anderer Wespen und Bienen inspizieren. In diese legen sie dann ihre Eier. Die aus ihnen schlüpfenden Larven entwickeln sich schnell und überwintern als Puppe oder Wespe.

J	F	M	A	M	J	J	A	S	O	N	D

Riesenholzwespe *Urocerus gigas*

1 Sehr große schwarz-gelbe Wespe

2 Gelbe Flecke hinter den Augen

3 Weibchen mit auffallendem Legestachel

3er-Check

Merkmale: Größte einheimische Holzwespe mit einer Körperlänge der Weibchen von 15–40 mm, der Männchen von 12–30 mm. Der Kopf ist schwarz, mit gelben Flecken hinter den Augen; Brust und Grund des Hinterleibes ebenfalls schwarz. Beim Weibchen ist der übrige Hinterleib hellgelb mit schwarzvioletten Ringen, beim Männchen rot mit schwarzer Spitze. Der Hinterleib ist parallelseitig und hat beim Weibchen auf der Unterseite einen auffälligen Legeapparat.

Vorkommen: Überall in Waldgebieten verbreitet.

Lebensweise: Das Weibchen legt mit seinem kräftigen Legebohrer mehrere Eier 6–10 cm tief in das Holz kranker und geschlagener Nadelbäume, vorwiegend von Fichten. Zugleich wird das Holz mit einem Pilz infiziert. Die Larve bohrt bis zu 40 cm lange Gänge im Holz. Da sie keine Zellulose verdauen kann, nutzt sie vermutlich neben Zellsäften auch Pilzfäden als Nahrungsquelle. Ihre Entwicklung dauert 2–6 Jahre. Dann nagt sich die Holzwespe ins Freie. Sie verlässt somit das Holz mitunter erst, wenn es schon vom Zimmermann oder Schreiner verarbeitet ist.

J	F	M	A	M	J	J	A	S	O	N	D
					■	■	■	■			

Rhyssa persuasoria **Holz-Schlupfwespe**

1

2

3

1 Groß; langgestreckter Körper mit sehr langem Legestachel

2 Braun und schwarz, mit gelben bis weißen Flecken

3 Beine sehr lang

3er-Check

Merkmale: Sehr schlanker, langgestreckter Körper von 18–35 mm Länge, zu dem beim Weibchen noch ein etwa 35 mm langer Legebohrer kommt. Der Kopf ist bräunlich, mit großen, gelb umrandeten Augen und sehr langen Fühlern. Die Brust ist vorne schwarz, gerunzelt, mit einer Reihe von gelben Flecken an den Seitenkanten. Der Hinterleib hat etwa die doppelte Länge der Brust; seine vorne braune Farbe geht nach hinten in dunkle bis schwarze Farbtöne über, mit gelben Flecken auf jedem Segment. Der Legestachel des Weibchens ist mindestens so lang wie Kopf und Brust zusammen.

Vorkommen: Weit verbreitet und nicht selten; in Nadelwäldern.

Lebensweise: Die Holzschlupfwespe legt ihre Eier in Larven von Holzwespen und Bockkäfern, von denen ihre eigenen Larven leben. Dazu muss sie ihren langen Legestachel bei zunächst schrägem, dann gekrümmtem Hinterleib bis zu 30 cm tief senkrecht ins Holz bohren, um die Larve gezielt anzustechen. Sie tut dies unter schneller werdenden, drehenden Bohrbewegungen, wobei sie mit feinen Sinnesorganen ihr Opfer zielgenau orten muss.

J	F	M	A	M	J	J	A	S	O	N	D

Weißling-Brackwespe *Apanteles glomeratus*

2 **1**

1 Unscheinbar, klein und schwarz

2 Flügel mit schwarzer Makel

3 Auffallend sind die Puppen als »Raupeneier«

Merkmale: Nur 2–3 mm große Schlupfwespe. Kopf mit kleinen Augen und langen Fühlern; Brust mit gelben, langen Beinen und durchscheinenden, gelb geaderten Flügeln; Hinterleib lang-oval, mit jederseits 2 gelben Flecken im vorderen Bereich. Wegen ihrer geringen Größe fällt die Schlupfwespe selbst kaum auf, jedoch findet man häufig ihre Puppen an toten Raupen des Kohlweißlings.

Vorkommen: Überall im Kulturland und meist häufig auf Feldern und in Gärten, wo Kohl-Arten angepflanzt werden.

Lebensweise: Die Weißling-Brackwespe überfällt junge Raupen des Großen Kohlweißlings *(Pieris brassicae)*, in die sie mit ihrem Legestachel mehrere Eier legt. Die Larven fressen die Raupe langsam von innen heraus auf, verlassen die erwachsene Raupe und spinnen sich auf ihrem toten Wirt in kleine gelbe Kokons ein. Diese werden fälschlich als »Raupeneier« bezeichnet. Da die Brackwespen-Raupen die Raupen des besonders an Weißkraut schädlichen Großen Kohlweißlings vernichtet, leistet sie einen wichtigen Beitrag zur biologischen Schädlingsbekämpfung.

J	F	M	A	M	J	J	A	S	O	N	D

Camponotus ligniperda **Rossameise**

3er-Check

1 Sehr groß und lebhaft

2 Kopf schwarz, mit langen Fühlerschäften

3 Brust rotbraun

Merkmale: Auffallend große Ameise, bei der Männchen bis 12 mm, Arbeiterinnen bis 14 mm, Königinnen bis 18 mm groß werden. Kopf schwarz, rechteckig, mit konvexem Hinterrand und langen Fühlerschäften; Brust rötlichbraun bis dunkel rotbraun, mit langen Beinen; Hinterleib schwarz, mit feinen Borsten. Die Färbung variiert etwas, doch ist diese Ameise durch ihre Größe unverwechselbar.

Vorkommen: Verbreitet und häufig; an sonnigen Stellen in Wäldern und auf mit Büschen bestandenen Trockenrasen.

Lebensweise: Die Rossameise lebt sowohl in Bodennestern als auch in Baumstubben und lebenden Baumstämmen, in denen sie ihre Nester bis in einer Höhe von 3 m anlegt. Die Nestbereiche verbindet sie unterirdisch durch Gänge. Die Ameisen sind tags und nachts aktiv und ernähren sich sehr vielseitig vom Honigtau der Blattläuse, von Insekten und von pflanzlichen Stoffen, insbesondere von süßen Pflanzensäften. Sie sind aggressiv, namentlich bei schwülem Wetter, und sie können mit ihren mächtigen, spitzen Kiefern auch Menschen schmerzhaft beißen.

J	F	M	A	M	J	J	A	S	O	N	D

Rote Waldameise *Formica rufa* RL V

2 **1**

3

1 Groß, rot mit schwarzem Hinterleib

2 Kopf mattgrau und braun

3 Großes oberirdisches Nest aus Pflanzenmaterial

3er-Check

Merkmale: Arbeiterinnen 4–9 mm, Königin und Männchen 9–11 mm groß. Kopf gerundet, mit geraden Seiten und geradem Hinterrand. Kopf und Brust hell bis dunkel ziegelrot, Brust oval, etwas länger als breit. Hinterleib gedrungen, verhältnismäßig breit, mattschwarz, oft mit bräunlicher Basis.

Vorkommen: Sehr häufig an sonnenbeschienenen Stellen in Wäldern und an Waldrändern, meist in Nadelwaldgebieten.

Lebensweise: Die Rote Waldameise liebt Wärme und errichtet ihre Nester windgeschützt, nach Osten und Süden orientiert, als große Haufen aus Pflanzenmaterial, insbesondere aus Fichten- und Tannennadeln. Durch ein »Klimatisierungssystem«, bei dem die Nesteingänge je nach Wetter geöffnet oder geschlossen werden, wird im Nest eine gleich bleibende Temperatur erzeugt. Ein Nest beherbergt 500 000–800 000 Tiere, die Honigtau, Nektar, Insekten und organische Reste als Nahrung in das Nest eintragen. Ab März legt die Königin in der Tiefe Eier. Sie kann bis zu 20 Jahre alt werden und adoptiert junge Königinnen. Als »Forstpolizei« von großer Bedeutung.

J	F	M	A	M	J	J	A	S	O	N	D

Lasius fuliginosus **Schwarze Holzameise**

1

3er-Check

1 Relativ groß, kräftige Gestalt

2 Glänzend pechschwarz

3 Riecht nach Zitronen

2

Merkmale: Größe der Arbeiterin 4–6 mm, der Königin 6–6,5 mm und des Männchens 4,5–5 mm. Eine glänzend schwarze Ameise mit feiner, sparsamer Behaarung. Der herzförmige Kopf ist breiter als die relativ kräftige Brust und am Hinterrand eingebuchtet. Durch die pechschwarze Farbe unverwechselbar.

Vorkommen: Häufig in Laub-, Misch- und Nadelwäldern sowie Parkanlagen; selten im Gebälk von Gebäuden.

Lebensweise: Die Schwarze Holzameise baut ihre Nester mit Vorliebe in Baumstämmen, aber auch in der Erde. Ihr Nest ist ein »Kartonnest«, das einem umfangreichen Wabenwerk gleicht, das mit papierähnlichem Material errichtet wurde. Dieses Material besteht aus fein geraspeltem Holz, Erdkrümeln oder Sand und etwa zur Hälfte aus einem von den Ameisen ausgeschiedenen Honigtau-Kitt. Das Holz bereiten die Ameisen für einen Pilz *(Cladosporium myrmecophilum)* auf, der mit seinem Gewebe dem Nest die Festigkeit verleiht. In einem Volk der Schwarzen Holzameise leben bis zu 2 Millionen Tiere. Sie strömen einen eigenartigen Duft aus, der an frische Zitronen erinnert. Nahrung sind Honigtau und kleine Insekten.

J	F	M	A	M	J	J	A	S	O	N	D

Schwarzgraue Wegameise *Lasius niger*

2 **1**

1 Klein, dunkelgrau bis schwarz

2 Hinterleib locker behaart

3 Geschlechtstiere geflügelt

3er-Check

Merkmale: Arbeiterinnen 3–5 mm, Königin 8–9 mm, Männchen 3,5–4,2 mm. Der Kopf ist schmäler als die von oben gesehen elliptische Brust und trägt große Augen. Der Körper ist schwarzbraun bis dunkelbraun gefärbt, mitunter ist die Brust etwas heller.

Vorkommen: Sehr häufig an unterschiedlichsten Orten. In der Natur in Wäldern, im Kulturland auf Wiesen und Äckern, in Parks und Gärten sowie in menschlichen Siedlungen auf Wegen und Straßen; bis in Gebäude hinein, mitunter sehr lästig.

Lebensweise: Die Nester werden meist unterirdisch angelegt, gerne unter Steinen, Brettern etc., jedoch in vielfältiger Weise an örtliche Gegebenheiten angepasst. Von den Nestöffnungen aus ziehen oberirdische »Ameisenstraßen« über große Entfernungen zu den Futterplätzen. An diesen werden besonders nachts Blatt- und Schildläuse gehegt und gepflegt. Im Frühjahr tragen die Ameisen sogar Läuse zu geeigneten Pflanzen. Von Mai bis Juli schwärmen die geflügelten Geschlechtstiere an heißen Tagen in großer Zahl. Die Schwärme können riesige Ausmaße annehmen.

J	F	M	A	M	J	J	A	S	O	N	D

Lasius flavus # Gelbe Wiesenameise

1 Klein und gelb (hier auf Puppen)

2 Kopf mit sehr kleinen Augen

3 Geflügelte Geschlechtstiere schwarz

3er-Check

Merkmale: Arbeiterinnen 2–4,5 mm, Königin 7–9,2 mm, Männchen 3–4 mm groß. Der Kopf ist breiter als die gedrungene, blassgelbe Brust und trägt auffallend kleine Augen. Der Kopf und der Hinterleib sind etwas dunkler gelb gefärbt, gelegentlich mit rötlichem Schimmer. Der Körper ist zart behaart und trägt abstehende, gelbe Borsten.

Vorkommen: Sehr weit verbreitet, aber nicht häufig. Nester sowohl in trockenen als auch in nassen Wiesen und offenem Gelände jeder Art, auch Gärten; nicht in größeren Waldgebieten.

Lebensweise: Die Nester der Gelben Wiesenameise liegen in trockenem Gelände weitläufig verteilt in der Erde, gelegentlich auch unter Steinen. In nassem Gelände werden sie in die Höhe gebaut, von Gras durchwachsen und erscheinen dann als hohe Graskuppeln. Benachbarte Kolonien, von denen jede bis über 20 000 Tiere beherbergt, vereinigen sich unterirdisch. Als Nahrung beziehen die Ameisen Honigtau von Wurzelläusen, die sie pflegen. Im Winter bewahren sie die Läuse tief im Nest auf und bringen sie im Frühjahr wieder an junge Pflanzenwurzeln.

J	F	M	A	M	J	J	A	S	O	N	D

Ameisenjungfer *Mymeleon formicarium* RL V, §

1 Libellenähnlich, jedoch mit weichen, ungefleckten Flügeln

2 Fühler keulenförmig, gebogen

3 Halsschild seitlich mit hellem Streifen

3er-Check

Merkmale: Libellenähnliches, sehr schlankes Insekt von ca. 35 mm Körperlänge und 60–80 mm Flügelspannweite. Im Sitzen liegen die Flügel dachförmig über dem Rücken. Der Kopf ist klein, mit großen kugeligen Augen und fein gegliederten, gebogenen und etwas keulenförmigen Fühlern. Körper schwärzlich; Beine mit helleren, gelblich-rötlichen Abschnitten. Die fein geaderten, weißlichen bis grauen, häutig-weichen Flügel sind bleich und ungefleckt; das Halsschild hat seitlich einen hellen Streifen.

Vorkommen: Verbreitet und nicht selten; in lichten Wäldern, Dünengebieten und in Siedlungen.

Lebensweise: Die Larve, als Ameisenlöwe bekannt (S.223), lebt an regengeschützten Stellen in sandigem, mulmigem oder staubigem Boden am Grunde eines Fangtrichters. Der Trichter dient als Falle für Ameisen und andere Insekten, die ergriffen und ausgesaugt werden. Nach 1–3 Jahren verpuppt sich die Larve im Boden. Die geschlüpfte Ameisenjungfer ist nachtaktiv und kommt öfters ans Licht (»Nachtlibelle«). Sie ernährt sich räuberisch von kleinen Insekten, möglicherweise auch von Pollen. Anders als Libellen, fliegt sie nur ungeschickt flatternd.

J	F	M	A	M	J	J	A	S	O	N	D

Chrysopa perla **Florfliege, Goldauge**

1

2

1 Schlank, mit zarten, großen Flügeln

2 Körper blaugrün mit schwarzen Flecken

3 Kopf mit schwarzer, ringartiger Zeichnung

3er-Check

3

Merkmale: Schlank, Körper ca. 10 mm lang, mit einer Flügelspannweite bis zu 30 mm. Kopf, Brust und Hinterleib mit auffälliger, blaugrüner Grundfarbe, auf der Reihen von schwarzen Flecken liegen. Die schwarze Zeichnung auf dem Kopf bildet ein hinten ringartig geschlossenes X. Die Augen sind groß, kugelig und braun, die Fühler fadenförmig lang. Die breiten Flügel reichen weit über das Körperende hinaus. Sie sind glasklar und von einem engen Netzwerk feiner, schwarzer Adern durchzogen.

Vorkommen: Überall verbreitet und häufig; vorwiegend in lichten Wäldern, an Hecken, in Gärten und Parkanlagen.

Lebensweise: Die winzigen Eier der Florfliegen sitzen auf langen, dünnen Stielen am Rand von Blättern und Zweigen. Die Larven (S. 224) ernähren sich hauptsächlich von Blattläusen auf Büschen und Bäumen. Die Florfliegen sind ebenfalls große Blattlausfeinde und kommen oft in großen Massen in Hecken vor. Nachts fliegen sie ans Licht, weshalb man sie oft an Lampen und Fensterscheiben findet. Es gibt 2 Generationen im Jahr. Zur Überwinterung ziehen sich die Tiere an geschützte Orte zurück. Dann findet man sie auf Dachböden und in Kellern.

J	F	M	A	M	J	J	A	S	O	N	D

Bachhaft *Osmylus fulvicephalus*

3er-Check

1 Florfliegenähnlich, mit breiten Flügeln

2 Kopf gelb- bis rötlichbraun

3 Flügel glasklar, schwarz und weiß gefleckt

Merkmale: Schlank, mit sehr breiten Flügeln; Körper 12–17 mm lang, Flügelspannweite 40–52 mm. Ähnlichkeit mit einer Florfliege. Kopf gelblich- bis rötlichbraun, mit halbkugeligen schwarzen Augen und relativ kurzen, fadenförmigen Fühlern. Brust und Hinterleib schwarz, behaart; Beine gelbbraun. Die glasklaren Flügel haben ein dichtes Netzwerk von schwarzen Adern und sind schwarz und weiß gefleckt.

Vorkommen: In der Nähe von Gewässern von der Ebene bis in ca. 1000 m Höhe; verbreitet und nicht selten, bisweilen massenhaft.

Lebensweise: Bachhafte leben in schattigen Bereichen nahe dem Ufer von Gewässern auf Stauden, Sträuchern und Bäumen. Dort stellen sie tagsüber und in der Dämmerung lebenden anderen Insekten nach, die sie mir ihren kauenden Mundwerkzeugen fressen. Ihre Eier legen sie in Moospolster nahe dem Ufer. Die Larven sehen den Florfliegen-Larven ähnlich, leben unter feuchtem Moos und Steinen. Sie machen Jagd auf Uferinsekten und Mückenlarven, die sie mit 2 langen, gebogenen Saugröhren anstechen. Sie halten sich zeitweise auch im Wasser auf und atmen dann über den Darm. Nach 1 Überwinterung schlüpfen sie.

J	F	M	A	M	J	J	A	S	O	N	D

RL 2, § *Libelluloides coccajus* **Schmetterlingshaft**

1

2

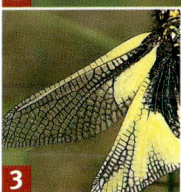

3

3er-Check

1 Schmetterlingsartig, mit langen, gekeulten Fühlern

2 Flügel netzadrig, schwarz-gelb gezeichnet

3 Vorderflügel außen transparent

Merkmale: Auffallend schwarz-gelb gefärbte, jedoch netzadrige und wie bei einem Schmetterling ausgebreitete Flügel mit einer Spannweite von 45–55 mm. Die Vorderflügel sind etwas länger und schmaler als die Hinterflügel. Der ca. 30 mm lange Körper ist schwarz, mit ockerbraunen Flecken auf Kopf, Brust und Beinen. Die leicht gebogenen, schräg nach vorne gerichteten, fast körperlangen Fühler sind an den Enden verdickt. Der Kopf, die Seiten der Brust und der Hinterleib tragen einen dichten Pelz aus langen, schwarzen Haaren.

Vorkommen: Nur lokal und selten; auf klimabegünstigten Geröllhalden, Trockenrasen und Wiesen, bis 2500 m Höhe.

Lebensweise: Der sehr wärmeliebende Schmetterlingshaft jagt bei heißem Wetter und strahlendem Sonnenschein kleine Insekten im Flug. Ziehen Wolken auf, verbirgt er sich schnell mit dachartig zusammengelegten Flügeln zwischen Gras und Kräutern. Aus den an Pflanzen angeklebten Eiern entwickeln sich erdfarbene, mit Borsten besetzte Larven, die den Ameisenlöwen ähnlich sehen. Sie leben frei am Boden räuberisch von kleinen Insekten und überwintern 2-mal, bevor sie sich im Frühjahr verpuppen.

J	F	M	A	M	J	J	A	S	O	N	D

Kamelhalsfliege *Xanthostigma xanthostigma*

1 Florfliegenähnlich, aber Kopf und Hals lang und gelenkig

2 Vorderbeine weit hinten an der Vorderbrust

3 Körper schwarz, mit gelben Seitenstreifen

Merkmale: Schlanker Körper 8–10 mm lang, Flügelspannweite 13–22 mm. Körper dunkel, schwarzblau schillernd; Kopf und halsähnliche Vorderbrust sehr lang und gelenkig. Die Vorderbrust kann weit nach oben aufgerichtet und der Kopf im rechten Winkel nach unten geneigt werden. Die Vorderbeine sitzen weit hinten an der Vorderbrust an. Die Flügel sind glasklar, grob geädert und stehen dachartig über dem Rücken. Der Hinterleib hat gelbe Seitenstreifen.

Vorkommen: Verbreitet und nicht selten; in schattigen Misch-, Kiefern- und Auwäldern, bis in 1000 m Höhe.

Lebensweise: Die Larve lebt unter der Rinde von Eichen, Erlen, Obstbäumen und von Kiefern. Sie bewegt sich flink vor- und rückwärts, macht Jagd auf kleine Insekten und frisst die Eier verschiedener Forstschädlinge wie Nonne, Borken- und Bockkäfer. Sie überwintert in einer Puppenwiege. Die im Frühjahr geschlüpfte Kamelhalsfliege fängt durch blitzartiges Vorschnellen des Kopfes lebende Insekten wie z.B. Blattläuse, geht aber auch an verletzte und tote Insekten. Das Weibchen legt mit seinem stachelartigen Legebohrer die Eier gruppenweise in Rindenritzen.

J	F	M	A	M	J	J	A	S	O	N	D

Panorpa communis **Skorpionsfliege**

1 Schwarz-gelb, mit braun gefleckten Flügeln (hier Weibchen)

2 Rüsselartig verlängerter Vorderkopf

3 Hinterleib des Männchens zugespitzt, mit Zange

3er-Check

Merkmale: Eine bis 18 mm lange Schnabelfliege mit rüsselartigem Vorderkopf, an dem kurze, gezähnte Kiefer sitzen. Die Augen sind nach vorn gerichtet, die Fühler lang und fadenförmig. Die 4 gleich großen, grob geäderten und braun gefleckten Flügel, die in der Ruhe flach nach hinten gerichtet sind, lassen den Hinterleib frei. Das Hinterleibsende des Weibchens ist zu einer Legeröhre zugespitzt, das des Männchens rotbraun, verdickt und mit einem Zangenpaar versehen. Es ist meist wie der Hinterleib eines Skorpions nach oben gekrümmt (Name!), dient jedoch nur zum Festhalten des Weibchens bei der Begattung.

Vorkommen: Verbreitet und häufig; in Wäldern, an Wald- und Wegrändern, in Hecken und auf feuchten Wiesen.

Lebensweise: Die Skorpionsfliege lebt meist in schattigen Bereichen an Büschen und niederen Pflanzen, wo sie tote Insekten frisst, die sie schon vor dem Mund verdaut. Gelegentlich nimmt sie auch Honigtau der Blattläuse auf. Die Eier werden in Ballen in die Erde gelegt, wo die Larven von toten Insekten und Aas leben. Sie sehen mit 6 Brustbeinen und 8 Paar Stummelfüßen am Hinterende Schmetterlingsraupen ähnlich.

J	F	M	A	M	J	J	A	S	O	N	D

Große Steinfliege *Perla marginata*

1 Groß, schlank, mittel- bis schwarzbraun

2 Flügel in Ruhe flach über dem
Rücken zusammengefaltet

3 2 lange Anhänge am Hinterleib

3er-Check

Merkmale: Schlank, Weibchen 19–25 mm, Männchen 16–20 mm
lang, Körperseiten parallel, weitgehend dunkel- bis schwarzbraun
gefärbt. Nur der Kopf ist unterseits gelb. Er trägt 2 lange, fadenförmige, gegliederte Fühler und verkümmerte Mundwerkzeuge.
Die Beine sind kräftig und abgespreizt. Die großen, gelblichbrau-
nen, grob geaderten Flügel sind in Ruhestellung flach über dem
Hinterleib zusammengefaltet. Vorderflügel groß und gestreckt,
Hinterflügel kürzer und deutlich breiter. Am Hinterleib befinden
sich 2 Anhänge, die den Fühlern ähnlich sehen.

Vorkommen: Weit verbreitet an sauberen Bächen; hauptsächlich in
den Mittelgebirgen bis 800 m Höhe.

Lebensweise: Die Große Steinfliege kann geschickt laufen und sitzt
vorwiegend am Ufer von Bächen auf Pflanzen und Steinen oder
auch auf aus dem Wasser herausragenden Gegenständen wie Pfosten und Baumwurzeln. Sie fliegt nur träge flatternd, um sich bald
wieder einen Ruheplatz zu suchen. Da ihre Mundwerkzeuge verkümmert sind, kann sie nur Wasser, aber keine feste Nahrung zu
sich nehmen. Ihre Larven (S. 227) leben in sauberen Fließgewässern.

J	F	M	A	M	J	J	A	S	O	N	D

Sialis lutaria **Schlammfliege**

1 2

1 Mittelgroß, dunkelgrau bis schwarz

2 Vorder- und Hinterflügel dachartig gestellt

3 Adernetz der Vorderflügel erhaben und grob

3er-Check

3

Merkmale: Dunkelgrau bis schwarz gefärbtes, 10-15 mm langes, einem Nachtschmetterling nicht unähnliches Insekt mit langen, fadenförmigen Fühlern. In der Ruhe sind diese nach vorne gerichtet und die Flügel dachartig steil angelegt. Die Flügel ragen deutlich über den dunkel gefärbten Hinterleib hinaus und haben eine Spannweite von 23-35 mm. Sie sind oval, von etwa gleicher Größe, bräunlichgrau, mit relativ grober Äderung.

Vorkommen: Weit verbreitet und nicht selten, stellenweise häufig. Larven in stehenden und gelegentlich auch langsam fließenden Gewässern, Erwachsene dort im Pflanzenwuchs.

Lebensweise: Schlammfliegen sind schlechte Flieger und halten sich die meiste Zeit auf Pflanzen in Gewässernähe auf. Obwohl sie beißende Kiefer haben, scheinen sie nur gelegentlich Nektar aufzulecken. Ihre Eier legen sie in pflasterartigem Verband zu mehreren 100 bis 2000 dicht über dem Wasserspiegel an Schilf und andere Pflanzen. Bald danach fallen die Larven ins Wasser, wo sie sich während 2 Jahren entwickeln (S. 228). Zur Verpuppung kommen sie ans Land, wo nach etwa einwöchiger Puppenruhe die Erwachsenen schlüpfen.

J	F	M	A	M	J	J	A	S	O	N	D

Große Köcherfliege *Phrygaena grandis*

1 Groß, mit schmalem Körper

2 Vorderflügel braun, mit dunklen und weißen Flecken

3 Kopf, Brust und Vorderflügel behaart

3er-Check

Merkmale: Diese größte einheimische Köcherfliege hat eine Körperlänge von 13–21 mm und eine Flügelspannweite von 40–60 mm. Der Körper ist schmal, braun, mit dunkelbraunen und weißen Flecken. Die Fühler sind sehr lang und fadenförmig. Vorderflügel hell bräunlich, mit zahlreichen kleinen, unregelmäßig angeordneten, dunkleren Flecken; beim Weibchen auch schwarze Zellfelder. Hinterflügel kleiner als die Vorderflügel, ungefleckt und hellbraun getönt.

Vorkommen: An pflanzenreichen, stehenden Gewässern, vom Flachland bis ins Gebirge; überall verbreitet und stellenweise sehr häufig.

Lebensweise: Köcherfliegen sitzen tagsüber mit angelegten Flügeln und vorgestreckten Fühlern unbeweglich und versteckt in Gewässernähe im Gebüsch. Erst in der Abenddämmerung werden sie aktiv und fliegen nachts an Gebüschen und über dem Wasser umher. Als nachtaktive Flieger sind sie für Fledermäuse eine wichtige Nahrung. Die Weibchen kriechen zur Eiablage unter Wasser. Die räuberisch lebenden Larven (S. 227) verpuppen sich in ihrem Köcher, den sie mit Spinnfäden anheften. Im Frühjahr schlüpft die Köcherfliege unter Wasser und schwimmt zur Oberfläche.

J	F	M	A	M	J	J	A	S	O	N	D

Ephemera danica **Eintagsfliege**

1 Groß, mit senkrecht gestellten Flügeln

2 Vorderflügel deutlich größer als die Hinterflügel

3 Hinterleibsende mit 3 langen, fadenförmigen Anhängen

3er-Check

Merkmale: Schlank, Körper 16–24 mm und Vorderflügel 15–23 mm lang. Der Körper ist langgestreckt, mit dunklem, kleinem, querovalem Kopf und schwärzlicher Brust. Der lange Hinterleib ist auf den letzten 3 Gliedern durch dunkle Striche gezeichnet und endet in 3 sehr langen und dünnen Anhängen. Die steil aufgerichteten Flügel sind durchscheinend hell mit einzelnen dunklen Flecken und durch Längs- und Queradern in rechteckige Felder aufgeteilt. Die Vorderflügel sind lang, recht breit, die Hinterflügel kurz, rundlich, nicht halb so lang wie die Vorderflügel.

Vorkommen: Weit verbreitet und stellenweise manchmal sehr häufig; an sauberen Bächen und Flüssen.

Lebensweise: Eintagsfliegen leben nur 2–4 Tage (Name!). Im Juni erscheinen sie manchmal nachts zu Millionen und umflattern Lampen in der Nähe von Flussufern. Wenn sie Ihre Eier an der Wasseroberfläche gelegt haben, sterben sie. Ihre Larven (S. 228) leben bis zu 2 Jahre am Gewässergrund und steigen dann als geflügeltes Zwischenstadium aus dem Wasser auf. Diese »Subimago« hat milchige Flügel und lebt tatsächlich nur 24–30 Stunden, um sich dann zur geschlechtsreifen Eintagsfliege zu häuten.

J	F	M	A	M	J	J	A	S	O	N	D

Schmeißfliege *Calliphora vomitoria*

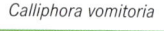

3er-Check

1 Mittelgroß, gedrungen, blau schillernd

2 Metallisch blauer Hinterleib

3 Kopf breit, mit großen Augen

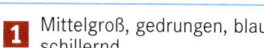

Merkmale: Mittelgroße, gedrungen gebaute Fliege von 10-14 mm Länge. Der Kopf ist breit-oval, mit sehr großen braunen Augen, kurzen Fühlern und, beim Männchen, mit einem rot- bis dunkelbraunen Stirnstreifen. Brust schildförmig, behaart, dunkelblau mit feinen Längsstreifen. Die großen, klaren, einfach geaderten Flügel stehen deltaartig nach hinten und überragen den leuchtend metallisch blauen Hinterleib. Der gesamte Körper ist weißlich bereift.

Vorkommen: Nahezu überall in freier Natur und in menschlichen Siedlungen; sehr häufig.

Lebensweise: Die Schmeißfliege besucht sowohl Blüten als auch organische Abfallstoffe, Fäkalien, Kadaver und Aas. Dort legt sie ihre weißen, stiftförmigen Eier gruppenweise ebenso ab wie an offenes, ungeschütztes Fleisch und verrottendes Pflanzenmaterial. Die Larven fressen die organischen Stoffe, greifen aber lebendes Zellgewebe nicht an. So fördern sie einerseits an Wunden die Heilung, indem sie krankes Gewebe beseitigen, andererseits können die Fliegen jedoch wegen ihrer unhygienischen Aufenthaltsorte auch Krankheitserreger übertragen!

J	F	M	A	M	J	J	A	S	O	N	D

Lucilia caesar **Goldfliege**

1 Mittelgroß, grün schillernd

2 Augen sehr groß, rot

3 Brust und Hinterleib kräftig behaart

3er-Check

Merkmale: Mittelgroße, gedrungen gebaute Fliege von 6–11 mm Länge. Der Kopf ist breit-oval, mit sehr großen roten Augen, die sich auf dem Scheitel fast berühren. Brust lang-schildförmig, mit schwarzen Borsten; Hinterleib relativ kurz und breit. Die metallisch leuchtende Farbe des gesamten Körpers wechselt von tiefem Blaugrün mit violettem Schimmer in der Jugend zu Smaragdgrün mit dunkelgrünen Reflexen und schließlich, im Alter, zu dumpfem Kupfergrün mit rotem Schimmer. Die Flügel stehen deltaartig nach hinten. Der gesamte Körper ist weißlich überstäubt. Der Hinterleib trägt lange, schwarze Haare.

Vorkommen: Nahezu überall in freier Natur und in menschlichen Siedlungen; sehr häufig.

Lebensweise: Goldfliegen sind Wärme und Sonne liebende Blütenbesucher. Sie ernähren sich von Nektar und anderen zuckerhaltigen Säften sowie dem Schleim von Pilzen. Ihre gelblichen Eier legen sie an Fäkalien, Kadaver und offenes Fleisch (z. B. Wunden). Die Larven (»Maden«, S. 225) entwickeln sich innerhalb 1 Woche und wurden früher – versuchsweise und steril – zur Wundbehandlung eingesetzt.

J	F	M	A	M	J	J	A	S	O	N	D

Fleischfliege *Sarcophaga carnaria*

2 **1**

3

1 Mittelgroß, grau mit schwarzen Streifen

2 Schwarze, aufrechte Körperbehaarung

3 Hinterleib gescheckt, stark einkrümmbar

3er-Check

Merkmale: Kräftig gebaute Fliege von sehr wechselnder Größe bis ca. 14 mm Körperlänge. Die Grundfarbe des Körpers ist matt grau bis bräunlich. Kopf und Brust sind mit schwarzen Längsstreifen, der Hinterleib mit schwarzen Querstreifen und hellen Flecken an den Seiten gezeichnet. Der Kopf ist in der Aufsicht stumpf-dreieckig, mit großen, roten bis rotbraunen Augen. Stirn vorstehend, beim Weibchen breit, beim Männchen schmal. Kopf, Brust und Hinterleib tragen aufrechte, schwarze Haare. Die deltaartig nach hinten stehenden Flügel sind durchscheinend, fein genarbt und mit wenigen Adern. Der Hinterleib kann stark eingekrümmt werden.

Vorkommen: Nahezu überall in freier Natur und in menschlichen Siedlungen; sehr häufig.

Lebensweise: Fleischfliegen saugen Honigtau und süße Säfte von Früchten, Blüten und Bäumen auf. Die Fleischfliege ist lebend gebärend und setzt ihre Larven auch direkt an ungeschütztes Fleisch ab (Name!), in das sich diese in kürzester Zeit eingraben, nachdem sie es durch Enzyme verflüssigt haben. Meist leben ihre Larven jedoch parasitisch in Regenwürmern, aber auch in Aas und Fäkalien.

J	F	M	A	M	J	J	A	S	O	N	D

Scatophaga stercoraria **Dungfliege**

1 Klein bis mittelgroß, gelb, stark behaart

2 Augen und Stirn rot

3 Flügel flach, parallelseitig über dem Hinterleib

3er-Check

Merkmale: Auffällige Fliege von 5–10 mm Körperlänge. Kopf rundlich, von der Brust abgesetzt; Augen rot, ebenso ein Mittelstreifen auf der Stirn. Die Fühlerborste ist breit und vom Kopf abgespreizt. Brust von brauner bis grauer Grundfarbe, gelb bestäubt, mit 2 schwarzen Längsstreifen; neben einer feinen, gelben Behaarung einzelne schwarze, borstenartige Haare. Die sehr langen Beine werden vom Körper abgespreizt; ihre Oberschenkel sind dicht gelb behaart. Der Hinterleib trägt ein goldgelbes bis grüngelbes fellähnliches Haarkleid. Die Flügel sind langgestreckt, hinten gerundet; bräunlich, mit gelblichrotem Vorderrand. Sie liegen flach, parallelseitig über dem Hinterleib.

Vorkommen: Sehr verbreitet und häufig; auf Weiden, Wiesen und Almen wie auch in ländlichen Siedlungen.

Lebensweise: Die Dungfliegen sind Blütenbesucher, die Nektar trinken, aber auch andere Fliegen fangen, mit ihren langen Vorderbeinen umklammern und aussaugen. Massenhaft findet man sie an Misthaufen, Kuhfladen, Pferdeäpfeln und Menschenkot. Dort legen sie ihre Eier ab und dort entwickeln sich die Larven.

J	F	M	A	M	J	J	A	S	O	N	D

Stubenfliege *Musca domestica*

2 **1**

3er-Check

1 Klein, dunkelgrau mit hellerem Hinterleib

2 Brust grau, mit 4 schwarzen Längsstreifen

3 Innere Längsadern der Flügel vor dem Rand abgeknickt

3

Merkmale: Kleine Fliege von 7–8 mm Länge. Der Körper hat eine dunkelgraue Grundfarbe und ist spärlich behaart. Der Kopf ist von oben gesehen breit gerundet, mit großen rötlichen Augen, die in der Mitte nicht aneinander stoßen. Die Brust ist schwarzgrau, oben mit 4 schwarzen Längsstreifen, der Hinterleib überwiegend gelb bis weißlich, mit schwarzer Zeichnung. Die durchsichtigen Flügel sind angewinkelt nach hinten gerichtet; ihre inneren Längsadern sind abgeknickt und laufen nicht zum Rand durch.

Vorkommen: Weltweit die in Siedlungen häufigste Fliegenart.

Lebensweise: Die Stubenfliege fliegt gut, sitzt jedoch meistens. Ihre »Fußsohlen« haften auch an glatten, senkrechten Flächen und tragen außerdem Geschmacksorgane. Man findet sie häufig sowohl auf verwesenden Stoffen und Fäkalien als auch auf Nahrungsmitteln jeder Art, die sie – nachdem ihr Speichel diese notfalls verflüssigt hat – mit einem Tupfrüssel aufleckt. Sie kann zahlreiche Krankheiten übertragen. Die schnelle Entwicklung ihrer Larven, die von den unterschiedlichsten organischen Stoffen leben, ermöglicht bis zu 4 Generationen im Jahr.

J	F	M	A	M	J	J	A	S	O	N	D

Stomoxys calcitrans **Wadenstecher**

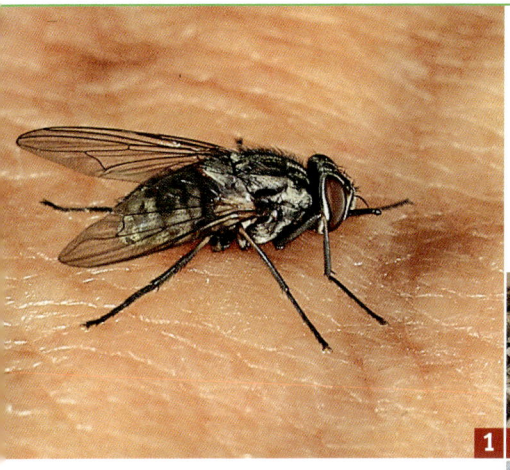

1 Dunkelgrau, einer Stubenfliege ähnlich

2 Kopf mit deutlich vorstehendem Stechrüssel

3 Flügel deltaartig abgespreizt, Hinterleib an die Sitzfläche angedrückt

3er-Check

Merkmale: Mit 6–8 mm Länge so groß wie eine Stubenfliege und dieser auch in der Färbung ähnlich. Körper mittel- bis dunkelgrau, mit schwärzlichen Längsstreifen auf der Brust und ebensolchen Querstreifen auf dem Hinterleib, der nur selten gelbe Farbtöne zeigt, auf der Unterseite aber hell ist. Auffallend ist der hellgraue Kopf wegen des nach vorn gerichteten, kräftigen Stechrüssels sowie der nach vorn orientierten, großen, weit auseinander stehenden Augen. Der Scheitel trägt eine breite schwarze Zeichnung. Die Flügel sind in der Ruhe deltaartig gespreizt, der Hinterleib ist an die Unterlage angedrückt.

Vorkommen: An Stränden, auf Viehweiden und in Ställen überall verbreitet und meist häufig.

Lebensweise: Männchen und Weibchen stechen sehr schmerzhaft mit ihrer vorstehenden, gesägten Unterlippe und saugen Blut, vorwiegend vom Rücken und den Flanken der Huftiere. Das Verhalten, von unten an Ruheplätze und Opfer heranzufliegen, wendet der Wadenstecher auch beim Menschen an: Er sticht den Menschen bevorzugt in die Waden und Knöchel (Name!). Die Larve entwickelt sich vorwiegend in Pferde- und Kuhmist.

| J | F | M | A | M | J | J | A | S | O | N | D |

Rinderbremse, Viehbremse

Tabanus bovinus

1

2

3er-Check

1	Groß, kräftig, braungrau, fein behaart
2	Riesige, grün schillernde Augen
3	Laut brummender Flug

Merkmale: Große, kräftige Bremse, Körperlänge 19–24 mm, Flügelspannweite bis 40 mm. Grundfarbe braun bis schwarzbraun, mit undeutlichen Längsstreifen auf der Brust. Der Kopf besteht fast nur aus den grün schillernden, riesigen Augen. Nur ein schmaler Mittelstreifen des Kopfes und der Mundbereich bleiben frei. Die Flügel sind durchscheinend, in Ruhe leicht dachförmig angestellt. Der Hinterleib ist entlang der Mittellinie hell gefleckt.

Vorkommen: Verbreitet und häufig auf Wiesen und in Waldnähe.

Lebensweise: Die Weibchen stechen vor allem Rinder und Pferde, gelegentlich auch den Menschen. Mit ihrem Speichel spritzen sie einen gerinnungshemmenden Stoff in die Wunde ein. Die Stiche bluten deshalb manchmal noch lange nach. Im Flug lassen sie ein kräftige Brummen hören, das die Opfer beunruhigt. Die Männchen stechen nicht, sondern sind Blütenbesucher. Die Eier werden in Wassernähe an Pflanzen abgelegt. Die Larven leben im Wasser oder in nassem Boden, in dem sie auch überwintern. Sie ernähren sich von verwesendem organischen Material und von kleinen Tieren, die sie durch eingespritztes Gift töten.

J	F	M	A	M	J	J	A	S	O	N	D

Haematopota pluvialis **Regenbremse**

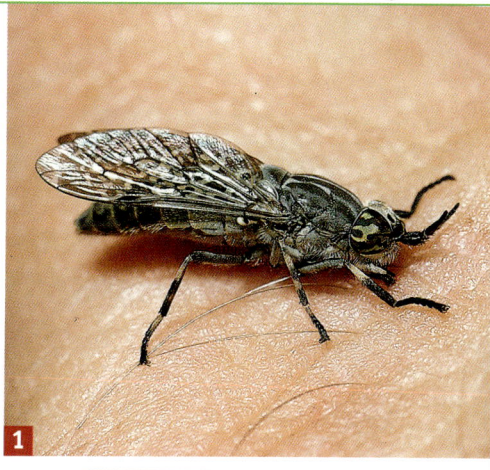

1 Kleine bis mittelgroße, graue Bremse

2 Augen zickzackförmig gestreift, bunt schillernd

3 Marmorierte, dachförmig gestellte Flügel

3er-Check

Merkmale: Schlanke Bremse von 8–11 mm Körperlänge. Der Kopf ist etwa halbkugelig, hinten konkav, mit breitem Scheitel und kurzen, nach vorn gerichteten Fühlern. Die Augen sind groß und irisieren in allen Regenbogenfarben in zickzackförmigen Bändern. Die Brust ist grau, mit dunkler Längsbänderung. Auch die Flügel sind grau, mit einem unregelmäßigen Muster heller Flecken und gebogener Bänder. Sie bedecken, in Ruhe dachartig gestellt, den dunkelbraunen, segmentweise hell gesäumten Hinterleib.

Vorkommen: Auf Wiesen und in Waldgebieten, besonders in Gewässernähe; überall verbreitet und häufig, bis zur Baumgrenze.

Lebensweise: Die Weibchen fliegen völlig geräuschlos ihre Opfer an und stechen meist unbemerkt, bis sich schmerzhafte und juckende Hautreaktionen als Quaddeln einstellen. Besonders bei Gewitterschwüle und auch bei leichtem Regen (Name!) sind diese Plagegeister aktiv. Die Männchen stechen, wie bei allen Bremsen, nicht, sondern sind Blütenbesucher. Die Eier werden über feuchtem Boden im Gras abgelegt. Die Larven sind schlank und beweglich und leben im Boden, wo sie Jagd auf andere Insektenlarven, z. B. die Larven von Kohlschnaken machen.

| J | F | M | A | M | J | J | A | S | O | N | D |

Goldaugenbremse *Chrysops relictus*

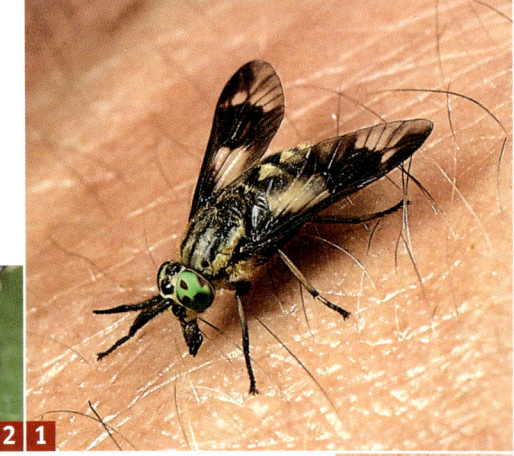

1 Mittelgroß, auffallend gefärbt

2 Augen fleckig goldgrün schillernd

3 Flügel gefleckt, deltaartig abgespreizt

3er-Check

Merkmale: Auffällig gezeichnete, 9–14 mm lange Bremse. Der halbkugelige Kopf hat relativ lange Fühler und goldgrün (Name!) schillernde Augen mit roten und blauen Reflexen. Beim Weibchen stoßen die Augen auf dem Scheitel aneinander, beim Männchen ist der Scheitel frei. Der gesamte Körper ist fein behaart. Brust graubraun, mit 2 helleren Längsstreifen; Hinterleib schwarz, mit gelber Zeichnung: Die Hinterränder der Segmente sind gelb und gehen in der Mitte in gelbe, mit der Spitze nach vorn gerichtete Dreiecke über. Die vordersten Segmente sind auch seitlich gelb. Flügel groß, deltaartig nach hinten gespreizt, dunkelbraun bis schwarz, mit je 1 unregelmäßigen Fleck vorn und hinten.

Vorkommen: Verbreitet und häufig in Wäldern und offenem Gelände von der Ebene bis ins Gebirge; gerne in Moorgebieten und in der Nähe von Gewässern.

Lebensweise: Diese schönen Bremsen sind geschickte Flieger, sonst aber recht träge. Zwar saugen die Weibchen auch am Menschen Blut, lassen sich aber bis zum Stich relativ lange Zeit, sodass sie meist vorher verscheucht werden. Die Männchen besuchen Blüten.

J	F	M	A	M	J	J	A	S	O	N	D

Lipoptena cervi **Hirsch-Lausfliege**

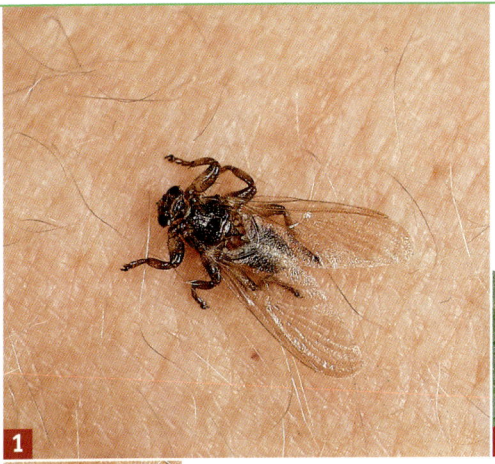

1 Klein, Körper gedrungen, sehr flach, braun

2 Beine kräftig, Füße mit starken Krallen

3 Flügel werden abgeworfen

3er-Check

Merkmale: Flache, gedrungene, braune Fliege von 5–6 mm Länge. Kopf breit, mit seitlich sitzenden, halbkugeligen Augen, 3 Punktaugen und breiter Stirn. Brust dicht am Kopf ansitzend, sodass die Vorderbeine fast unter dem Kopf stehen. Brust und Hinterleib mit rundlichem Umriss und breit. Beine sehr kräftig, bedornt, an den Füßen mit je 2 sehr kräftigen Krallen. Die weit über das Körperende hinausragenden Flügel sind einfach gebaut un haben nur 3 Längsadern. Sie liegen parallel flach über dem Hinterleib und werden abgeworfen.

Vorkommen: Weit verbreitet; in Wäldern und an Waldrändern.

Lebensweise: Die Lausfliege schlüpft im Oktober oder November und fliegt dann auf der Suche nach einem neuen Wirt im Wald umher, wo sie nicht selten Pilzsammler und Wanderer anfliegt. Findet sie ein Reh, einen Hirsch oder Elch, so nistet sie sich im Fell ein, wirft die Flügel ab und beginnt, dem Wirt Blut abzuzapfen. An Menschen saugt sie nicht. Die Larven entwickeln sich im Körper der Mutter, bis sie verpuppungsreif sind. Dann werden sie geboren und fallen zu Boden, wo sie sich verpuppen. Auch Pferde, Schafe und Fledermäuse leiden unter Lausfliegen.

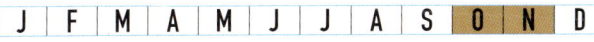

| J | F | M | A | M | J | J | A | S | O | N | D |

Mistbiene *Eristalis tenax*

1 Braune, plumpe, einer Honigbiene ähnliche Schwebfliege

2 Erstes Hinterleibssegment mit Amboss-ähnlicher Zeichnung

3 Augen sehr groß, mit 2 Haarstreifen

3er-Check

Merkmale: Mit einer Körperlänge von 15–19 mm und robustem Bau sieht diese Schwebfliege einer männlichen Honigbiene (Drohne) sehr ähnlich. Sie ist bräunlich, dicht behaart, mit gelben bis gelbbraunen Flecken am Grund des Hinterleibes, die allerdings in Farbe und Größe variieren. Ein auffallendes Merkmal sind 2 Haarbänder, die über jedes Auge laufen und sie von einer nahe verwandten Art unterscheiden. Die Fühlerborste ist nicht behaart, was zusätzlich Verwechslungen ausschließt.

Vorkommen: Häufig und überall in ländlichen Gegenden verbreitet, insbesondere in der Umgebung von Bauernhöfen.

Lebensweise: Die Mistbiene ist ein Blütenbesucher, der sich von Nektar nährt. Ihren Namen trägt diese Schwebfliege zum einen wegen ihres bienenähnlichen Aussehens und zum anderen, weil sie ihre Eier in nassen Mist, Jauchegruben und vergärende Dunghaufen legt. Dort entwickelt sich die Larve, die wie eine dicke Fliegenmade mit sehr langem Schwanz aussieht (so genannte »Rattenschwanzlarve«). Der »Schwanz« ist ein Atemrohr, das den Körper an Länge übertrifft und die Larve unter Wasser oder Jauche als Schnorchel mit frischem Sauerstoff versorgt.

J	F	M	A	M	J	J	A	S	O	N	D

Volucella zonaria # Hornissen-Schwebfliege

1 Groß, gedrungen, hornissenähnlich

2 Brust braun, am Außenrand mit schwarzen Borsten

3 Hinterleib gelb, mit 2 schwarzen Bändern

3er-Check

Merkmale: Gedrungene, hornissenähnliche Gestalt von 18–19 mm Köperlänge. Der halbkugelige Kopf ist gelb, mit 2 großen, durch breiten Scheitel getrennten Augen und vorstehender Stirn mit kurzen, gefiederten Fühlern. Brust und Beine sind braun, fein behaart. Auf der Oberseite hat die Brust dunkelbraune Streifen, seitlich ist sie gelblich und trägt dort zahlreiche schwarze Borsten. Der Hinterleib ist rotgelb wie der einer Hornisse, hinten zugespitzt und trägt 2 schwarze Bänder. Die Flügel sind in Ruhe unter einem Winkel von etwa 45° von der Körperachse abgespreizt und bräunlich gefärbt; die 2 vorderen Adern verschmelzen kurz vor dem Hinterrand.

Vorkommen: Weit verbreitet und nicht selten im Lebensraum der Hornisse, bei der die Larve parasitiert.

Lebensweise: Diese eher träge Schwebfliege sitzt gern auf Doldenblüten und Skabiosen. Sie legt ihre Eier in die Nester der von ihr nachgeahmten Hornisse. Ihre Larven leben anfangs parasitisch an deren Larven, dann aber von Abfällen und toten Larven. Zur Verpuppung verlassen sie das Nest, wandern in den Boden und verpuppen sich erst im Frühjahr.

J	F	M	A	M	J	J	A	S	O	N	D

Große Schwebfliege *Syrphus ribesii*

3er-Check

1. Mittelgroß, mit abgespreizten Flügeln
2. Hinterleib wespenartig gelb-schwarz gezeichnet
3. Rotbraune Augen durch gelblichen Scheitel getrennt

Merkmale: Typische Schwebfliege von 9–11 mm Körperlänge. Der Kopf ist breit, die großen, rotbraunen Augen sind durch einen schmalen Scheitel getrennt. Die Stirn ist flach, schwarz gezeichnet und über den verdickten Fühlern rostrot. Brust schwarz, bräunlich behaart; Schildchen gelb, schwarz behaart. Der lang-ovale, sich hinten verjüngende Hinterleib ist schwarz, mit gelbbraunen Querbändern, von denen das vorderste in der Mitte unterbrochen ist. Die unter fast 45° von der Körperachse abgespreizten Flügel sind glasig hell, mit braunem Vorderrand.

Vorkommen: Überall und sehr häufig; in verschiedenen offenen Lebensräumen, von Waldlichtungen bis zu Gärten.

Lebensweise: Schwebfliegen »stehen« lautlos in der Luft (Name!), oft zahlreich, und sind Blütenbesucher, die sich von Nektar und Pollen ernähren. Im Gegensatz dazu leben ihre Larven (S. 224) räuberisch. So verzehrt eine Larve der Großen Schwebfliege täglich bis zu 150 Blattläuse. Sie sieht unscheinbar grauweiß einer abgeflachten, etwas zotteligen Fliegenmade ähnlich und bewegt sich raupenartig fort. In der Biologischen Schädlingsbekämpfung ist sie ein wichtiger Blattlausvertilger.

J	F	M	A	M	J	J	A	S	O	N	D

Oxycera meigeni **Waffenfliege**

1 2

1 Wespenähnlich schwarz-gelb gezeichnet

2 Hinterleib sehr breit, oval

3 Flügel schmal, in Ruhe flach über dem Rücken zusammengelegt

3

3er-Check

Merkmale: Waffenfliegen sind durch einen sehr breiten, rundlichen, abgeflachten Hinterleib gekennzeichnet. Der Kopf ist groß, trägt sehr große, deutlich am Scheitel getrennte Augen und einen leicht vorstehenden Rüssel. Die Brust ist kräftig, mit ausladenden, gelben Beinen. Kopf und Brust sind auf schwarzem Grund gelb gezeichnet und der ebenfalls schwarze Hinterleib hat durch gelbe, in der Mitte getrennte Bänder farblich Ähnlichkeit mit dem einer Wespe. Das Schildchen trägt dolchähnliche, spitze Fortsätze. Die schmalen Flügel werden beim Sitzen flach über dem Hinterleib zusammengelegt.

Vorkommen: Weit verbreitet und nicht selten; in feuchten Wäldern, an Waldrändern, Bachufern und an Hecken.

Lebensweise: Waffenfliegen sind trotz ihres Namens – der auf ihre uniformähnliche Tracht Bezug nimmt – und trotz ihrer wespenartigen Zeichnung harmlose Blütenbesucher, die in feuchter Vegetation gern an sonnigen Stellen auf Blüten oder an Pflanzen sitzen. Ihre Larven (S. 228) entwickeln sich im Wasser oder, bei anderen Arten, in nassem Moos und feuchten Baumstubben. Ihr Flug ist brummend, wie der einer Wespe.

| J | F | M | A | M | J | J | A | S | O | N | D |

Große Raubfliege *Machimus-Gruppe*

3er-Check

1 Hochbeinig, Brust kräftig, Hinterleib schlank

2 Kopf mit »Bart«, Brust lang behaart

3 Beine mit stacheligen Borsten

Merkmale: Körper mit großem Kopf, mächtiger Brust, langen Beinen und langgestrecktem, dünnem Hinterleib; je nach Art 6–30 mm lang. Die großen, etwa halbkugeligen, durch eine Stirnfurche getrennten Augen sind nach vorne gerichtet, die Mundwerkzeuge schnabelartig zu einem Stech- und Saugrüssel ausgezogen. Kopf, Körper und Beine sind behaart, der Kopf trägt einen borstigen Bart. Die Beine haben zusätzlich lang abstehende, stachelartige Borsten. Der Brustkorb ist hoch gewölbt, breit und kurz, der schmale Hinterleib verjüngt sich nach hinten. Die Flügel sind kürzer als der Hinterleib und werden in Ruhe flach über ihm zusammengelegt. Die Farbe des gesamten Tieres ist grau, es gibt aber auch buntere Arten.

Vorkommen: Überall recht häufig; an lichten Stellen in Wäldern wie Kahlschlägen, Lichtungen und Rändern von Waldwegen.

Lebensweise: Raubfliegen lauern gut getarnt, angepresst an einen Stein, Rinde oder den Boden, und jagen vorbeifliegende Insekten wie z. B. Käfer, Bienen, Wanzen, Libellen. Sie ergreifen ihre Opfer blitzschnell im Stoßflug, umklammern sie mit den Beinen und töten sie, um sie dann auszusaugen.

J	F	M	A	M	J	J	A	S	O	N	D

Drosophila melanogaster **Essigfliege**

1

1 Sehr kleine, schlanke, braune Fliege

2

2 Augen rot oder braunrot

3er-Check

3 Flügel flach über dem Hinterleib

3

Merkmale: Kleine, unscheinbare, nur 2–2,5 mm lange Fliege von bleichem Aussehen: gelblich bis dunkelbraun. Der Kopf hat einen breiten Scheitel, vorne einen nasenartigem Kiel und gefiedert erscheinende Fühler. Die Augen der Männchen sind rot, die der Weibchen braun. Die Brust ist fein längs gestreift, mit einzelnen Haaren. Die Flügel sind durchscheinend und werden in Ruhe flach über dem Hinterleib getragen.

Vorkommen: In Obstgeschäften, Wohnungen, Kellereien, Gärten und Obstplantagen; weltweit häufig.

Lebensweise: Die Essigfliege wird, oft in großen Scharen, von Obst und Obstprodukten angelockt. Besonders im Herbst wird sie in Wohnungen lästig, wenn sie in Säfte und Marmeladen fällt oder über dem Obstteller herumschwirrt. An ihr sind die Gesetze der Vererbung erforscht worden und so wurde sie zum »Haustier der Genetiker« erklärt. Schulkinder lernen sie aus ihren Biologiebüchern kennen und erfahren, wie viele Zuchtformen es gibt. Sie ist lästig und kann unerwünschte Keime auf Nahrungsmittel übertragen. Die Larven (Maden) lassen sich leicht in Apfelkompott oder auf Bananen züchten.

J	F	M	A	M	J	J	A	S	O	N	D

Gewöhnliche Stechmücke *Culex pipiens*

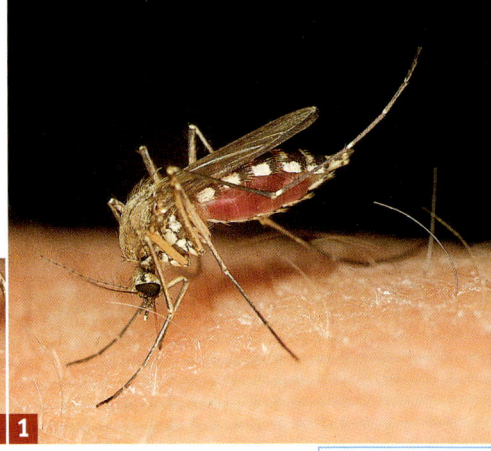

3er-Check

1	Kleine, zierliche, braune Mücke
2	Weibchen mit langem Stechrüssel und kurzen Tastern
3	Sitzhaltung waagrecht zur Unterlage

Merkmale: Zierliche, schlanke Mücke von 3,5–7 mm Körperlänge. Der schmale Körper ist beschuppt und hellbraun. Der Kopf des Weibchens hat relativ kurze, beborstete Fühler und zwischen sehr kurzen Tastern einen langen Stechrüssel. Das Männchen hat lange, gefiederte Fühler und einen kürzeren Rüssel, der sich nicht zum Blutsaugen eignet. Die Brust ist grau längs gesteift, der Hinterleib hell geringelt. Die Stechmücke ruht mit waagrecht ausgerichtetem Körper auf der Unterlage und hält dabei die langen, behaarten Hinterbeine im Bogen nach oben.

Vorkommen: Weltweit häufig.

Lebensweise: Die Gewöhnliche Stechmücke ist die »Hausschnake« schlechthin. Sie überwintert in kühlen und winterfeuchten Räumen wie Kellern und Schuppen. Ab April legen die Weibchen ihre Eier, die sie zwischen den Hinterbeinen zu kleinen schwimmenden Schiffchen zusammenkleben, in Kleinstgewässer wie z. B. Regentonnen. Dort entwickeln sich jährlich 3–4 Generationen von Schnaken (Larven s. S. 229), deren Weibchen nachts als Blutsauger Menschen und Tiere heimsuchen. Zwar jucken diese Stiche tagelang, es werden aber keine schweren Krankheiten übertragen.

J	F	M	A	M	J	J	A	S	O	N	D

Anopheles maculipennis **Gefleckte Fiebermücke**

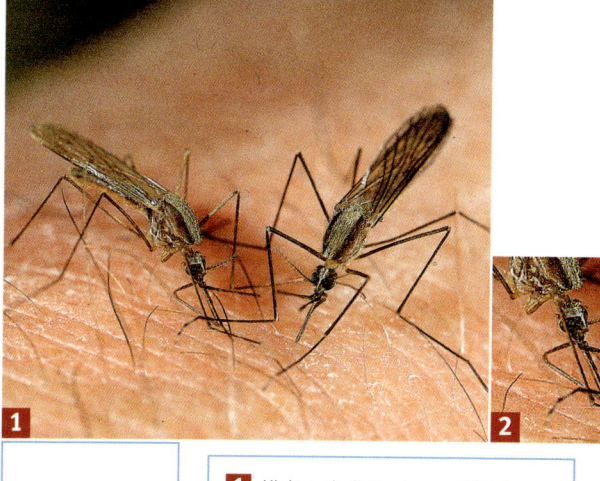

1

2

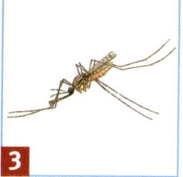

3

1 Kleine, zierliche, braune Mücke

2 Stechrüssel und Taster des Weibchens sehr lang

3 Sitzhaltung langgestreckt-angewinkelt

3er-Check

Merkmale: Zierliche, sehr schlanke Mücke von 5,5–8 mm Körperlänge. Der schmale Körper ist hell braungrau und fein behaart. Der Kopf des Weibchens hat relativ kurze, beborstete Fühler und zwischen sehr langen Tastern einen langen Stechrüssel (»Gabelmücke«). Das Männchen hat lange, gefiederte Fühler und einen Rüssel, der sich nicht zum Blutsaugen eignet. Die Fiebermücke sitzt so, dass ihr Körper, schräg nach hinten aufgerichtet, sich auf einer geraden Linie mit dem vorgestrecktem Rüssel und den ausgestreckten Hinterbeinen befindet.

Vorkommen: Weltweit häufig.

Lebensweise: Die Fiebermücke ist der wichtigste Überträger der Malaria. Voraussetzung ist allerdings, dass die Mücke zuerst einen Malariakranken sticht und dass die Krankheitserreger (einzellige Sporentierchen: *Plasmodium)* sich bei Temperaturen von mehr als 20 °C im Lauf von 8–20 Tagen – je nach Klima und Art – in der Mücke entwickeln und in deren Speicheldrüsen eindringen können. Ihre Eier legen Fiebermücken einzeln in großer Zahl auf pflanzenbestandenen und algenreichen Gewässern ab, wo sich dann ihre Larven entwickeln.

J	F	M	A	M	J	J	A	S	O	N	D

Zuckmücke *Chironomus plumosus*

3er-Check

1 Schnakenähnlich, mit schmalem, langem Hinterleib

2 Flügel bedecken den Hinterleib nicht ganz

3 Männchen mit auffallenden, federartigen Fühlerbüscheln

Merkmale: Sehr zarte, 7–8 mm lange, einer kleinen Stechmücke ähnliche Insekten von unauffälliger, weißlich grauer Färbung. Der Kopf ist sehr klein, unter dem Rumpf versteckt und hat verkümmerte Mundwerkzeuge sowie große, beim Männchen stark befiederte Fühler. Am sehr kräftigen, hoch gewölbten Brustabschnitt sitzen relativ kurze Flügel, die zusammengelegt den Endabschnitt des Hinterleibs nicht überdecken. Die Vorderbeine werden frei ausgestreckt nach vorne gehalten. Brust, Beine und Körper sind fein behaart, Hinterleib lang und schmal.

Vorkommen: Weit verbreitet und häufig an Gewässern jeder Art.

Lebensweise: Zuckmücken leben nur wenige Tage. Sie erscheinen jedoch zeitweise in riesigen Schwärmen, die abends als schwarze Wolken in der Luft stehen. Ihr eigentliches Leben vollzieht sich, wie das der Eintagsfliegen, das Jahr über als Larve (S. 229) im Bodenschlamm von Gräben, Teichen, Seen und Meeresbuchten. In selbst gesponnenen Röhren leben sie dort zu Milliarden und bilden die Grundnahrung zahlreicher Fischarten. Als »rote Mückenlarven« sind sie jedem Aquarianer bekannt.

J	F	M	A	M	J	J	A	S	O	N	D

Simulium sp. **Kriebelmücke**

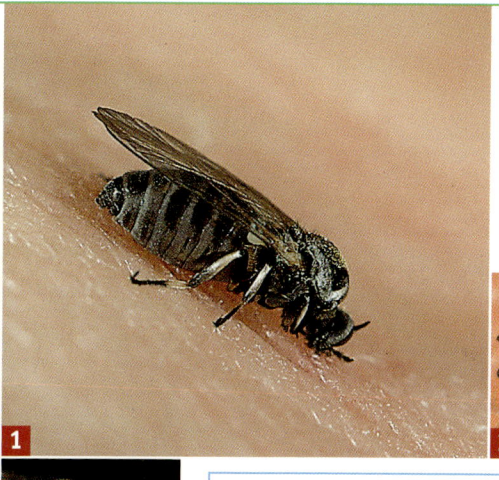

1

2

3

1	Sehr klein, plump, dunkel gefärbt
2	Hinterleib walzenförmig, geringelt
3	Kopf klein, Brust rundlich, fein hell behaart

3er-Check

Merkmale: Sehr kleine, 2–6 mm lange Mücken mit hoch gewölbter Brust und kleinem, unter die Brust gezogenem Kopf. Die Augen sind groß, die Fühler kurz und die Mundwerkzeuge stechend. Die Flügel sind groß und lang; sie überdecken, leicht dachförmig gestellt, den plumpen, geblähten Hinterleib.

Vorkommen: Überall verbreitet, sehr häufig; in Gewässernähe, in Wiesengeländen, an Waldrändern und in Gärten.

Lebensweise: Kriebelmücken sind tagsüber und bei Sonnenschein aktiv. Beide Geschlechter haben stechend-saugende Mundwerkzeuge, mit denen sie sich in die Haut von Wirbeltieren regelrecht eingraben. Ihr Stich ist durch giftigen Speichel sehr schmerzhaft, mit lang andauernder Wirkung. Bei Massenauftreten dieser Mücken kam es schon zum Tod großer Viehherden. Meist sammeln sie sich in Schwärmen über dem Kopf ihrer Opfer. Die bis 15 mm langen Larven leben in Fließgewässern, in denen sie sich an Pflanzen und Steinen durch ein Netz von Spinnfäden sichern. Bisweilen werden Kriebelmücken mit den ähnlichen, höchstens 2 mm großen **Gnitzen** verwechselt, die ebenfalls Blut saugen, mit den Zuckmücken verwandt sind und ein anderes Larvenleben haben.

J	F	M	A	M	J	J	A	S	O	N	D
			▓	▓	▓	▓	▓	▓			

Kohlschnake *Tipula* sp.

3er-Check

1 Schmal, mit extrem langen Beinen

2 Matt grau gefärbt, mit schwacher Längszeichnung

3 Flügel einfach geadert, mit doppeltem Vorderrand

Merkmale: Körperlänge 10–35 mm, Flügelspannweite bis ca. 55 mm. Meist unscheinbar braun bis grau gefärbt, dunkel gezeichnet. Der Kopf ist klein und lang, meist ohne funktionierende Mundwerkzeuge, der Rumpf tropfenförmig, mit extrem langen Beinen. Die grob geaderten Flügel sind bisweilen gefleckt, im Sitzen ausgebreitet oder flach über dem schlanken, langen Hinterleib zusammengelegt. Deutlich sichtbar sind die zu »Schwingkölbchen« reduzierten Hinterflügel. Der Hinterleib der Weibchen endet in einer spitzen Legescheide.

Vorkommen: Überall; häufig in Feldern, Wiesen und Gärten.

Lebensweise: Der Name Kohl- oder Erdschnake bezieht sich auf die Larven (S. 225), die im Erdboden leben und große Schäden in Gemüsegärten und -feldern anrichten können, indem sie Wurzeln und nachts auch oberirdische Pflanzenteile abfressen. Sie bringen 2 Generationen der spinnenbeinigen Insekten hervor, die viele Menschen fürchten, wenn sie abends und nachts dem Licht zufliegen und so in Wohnungen geraten. Sie sind allerdings harmlos, da sie weder am Kopf noch Hinterleib Stechorgane besitzen. Die Weibchen legen einige 100 bis über 1000 Eier.

J	F	M	A	M	J	J	A	S	O	N	D

Bibio marci **Haarmücke**

1 Schwarz, langgestreckt; Weibchen mit kleinem Kopf

2 Kräftig und lang schwarz behaart

3 Männchen mit großem Kopf, schlank, mit großen Augen

3er-Check

Merkmale: Schwarze, 10–13 mm große, fliegenähnliche, stark behaarte Mücke (Name!) mit dunkel glänzenden Flügeln, die am Vorderrand schwarz sind und schwarze bis graue Adern haben. Die Männchen besitzen einen großen Kopf, mit unbehaarten, schwarzen, großen Augen. Bei den Weibchen ist der Kopf klein, mit roten Augen. Die Brust ist halbkugelig aufgewölbt und die Flügel überragen, flach übereinandergelegt, den Hinterleib.

Vorkommen: Überall verbreitet und häufig; auf Wiesen, an Gebüschen, an Waldrändern und in Gärten.

Lebensweise: Haarmücken sind schlechte, plumpe Flieger und ernähren sich von Nektar und Honigtau. Bereits im März fallen sie durch ihr frühes Erscheinen auf. Meist hängen die Männchen träge an Gräsern und Kräutern, während die mit herabhängenden Hinterbeinen fliegenden Weibchen eher auf Blüten an Gebüschen oder am Boden zu finden sind. Ihre Eier legen sie in geringer Tiefe in lockeren Boden, in den sie sich eine Höhle graben. Die urtümlich aussehenden, erst lang behaarten Larven sind später stark bestachelt. Sie leben unter Falllaub und an Holzstubben überwiegend von faulendem Pflanzenmaterial.

J	F	M	A	M	J	J	A	S	O	N	D

Silberfischchen *Lepisma saccharina*

1 Stromlinienförmig, mit langen Fühlern, Brust 3-gliedrig

2 Körper silbrig beschuppt

3 Dünne Schwanzanhänge

3er-Check

Merkmale: Bis ca. 11 mm groß, mit lang-stromlinienförmigem, silbrig glänzendem, gegliedertem Körper. Er trägt 3 kurze Beinpaare und am Hinterende 3 dünne, starre Anhänge.

Vorkommen: Weltweit verbreitet; in Mitteleuropa häufig in Wohnungen und Vorratsräumen.

Lebensweise: Silberfischchen gehören zu den Ur-Insekten (Apterygota), der primär flügellosen, ältesten Insektengruppe. Sie laufen sehr flink, lieben Wärme und ernähren sich von unterschiedlichen organischen Stoffen, insbesondere wenn diese zucker- oder stärkehaltig sind. Im gemäßigtem Klima wurden sie zu bekannten Kulturfolgern, die gerne in Küchen, Badezimmern und Vorratsräumen leben. Dort sind sie zunächst harmlose Gäste, die wegen ihrer versteckten, nächtlichen Lebensweise nicht auffallen. Wenn sie in großer Zahl auftreten, werden sie jedoch als Vorratsschädlinge lästig. Die Jungtiere gleichen ihren Eltern, werden nach der 10. Häutung geschlechtsreif und häuten sich während ihres mehrjährigen Lebens immer wieder.

J	F	M	A	M	J	J	A	S	O	N	D

Podura aquatica **Wasser-Springschwanz**

1

1 Sehr klein, blauschwarz

2 Flügellos; kurze, gegliederte Fühler

3 Springt bei Störung

3er-Check

2

Merkmale: Nur 1–1,2 mm großer, deutlich segmentierter, gestreckter Körper von blauschwarzer Farbe mit rotbraunen Fühlern und Beinen.

Vorkommen: Häufig bis massenhaft auf Wasseroberflächen; zur Überwinterung in feuchter Erde; manche Arten auch in Blumentöpfen.

Lebensweise: Springschwänze sind eine Gruppe der primär flügellosen Ur-Insekten und weltweit zweifellos die allerhäufigsten Insekten. Sie tragen unter dem Hinterleib ein Organ, mit dem sie sich einerseits am Untergrund anheften, andererseits auch Sauerstoff und Wasser aufnehmen können. Bei den meisten Arten ist es in eine »Springgabel« verlängert, die, unter dem Hinterleib eingeschlagen, plötzlich nach hinten geklappt werden kann und so das Tier von der Unterlage wegschnellt (Name!). Springschwänze leben nahezu überall in feuchter Umgebung, im Boden, unter Steinen, zwischen Falllaub, auf Stämmen und Ästen von Bäumen und einige Arten auch auf dem Wasser. Sie leben meist in sehr großer Anzahl zusammen und vermehren sich außerordentlich schnell.

| J | F | M | A | M | J | J | A | S | O | N | D |

Schwarze Bohnenblattlaus *Aphis fabae*

3er-Check

1 Sehr kleine, schwarzblaue Blattlaus mit kugeligem Körper

2 2 deutliche Röhren auf dem Hinterleib

3 Geflügelte und ungeflügelte Tiere nebeneinander

Merkmale: Körper rund, 1,5–2,8 mm groß, schwarz, mit 2 Röhren am Hinterleib und teils mit Reihen kleiner weißer Wachsflecken.

Vorkommen: Weit verbreitet und häufig; im Sommer an Bohnen, Rüben und anderen krautigen Pflanzen.

Lebensweise: Die Bohnenblattlaus hat, wie viele andere »Röhrenläuse«, einen recht verwickelten Generations- und Wirtswechsel. Im Herbst suchen geflügelte »Jungfern« Sträucher als Hauptwirt auf (z.B. Pfaffenhütchen, Pfeifenstrauch, Schneeball). Dort gebären sie weibliche Geschlechtstiere, die von später zufliegenden Männchen befruchtet werden und Wintereier legen. Aus diesen entwickeln sich im Frühjahr schnell mehrere Generationen unbefruchteter »Jungfern«, deren geflügelte Kinder im Mai/Juni auf die Nebenwirte (Bohnen, Rüben etc.) übersiedeln. Dort findet eine ungeschlechtliche Massenvermehrung statt, während der durch Saugen und Übertragen von Krankheitskeimen auf Bohnen und Rüben ganz erhebliche Schäden an den Wirtspflanzen entstehen. Im Herbst schließt sich der Kreislauf auf den Hauptwirten.

J	F	M	A	M	J	J	A	S	O	N	D

Trialeurodes vaporariorum **Weiße Fliege**

2er-Check

1 Winzige, weiße, fliegenartige Pflanzensauger

2 4 einheitlich weiße Flügel

Merkmale: Nur 1–2 mm große, winzigen Zikaden ähnliche geflügelte Insekten. Die mit ihnen regelmäßig vergesellschafteten Larven sind rundlich, grünlich gefärbt, meist festgesaugt und von klebrigem Kot überzogen.

Vorkommen: Überall verbreitet und nicht selten; im Sommer an verschiedenen Kulturpflanzen im Freiland, in Gewächshäusern und Blumenfenstern, im Winter nicht im Freiland. Vermutlich aus dem tropischen Südamerika eingeschleppt.

Lebensweise: Die Weiße Fliege saugt hauptsächlich an jungen Trieben und Blattunterseiten von zahlreichen Gemüse- und Zierpflanzen (Gurken, Salat, Fuchsien etc.). Ein Weibchen legt bis zu 500 Eier. Die Larven laufen zunächst zu einer günstigen Stelle, an der sie sich mit ihrem Rüssel festsaugen. Durch ihren Stich können Viren übertragen werden. Den größten Schaden verursachen sie jedoch durch klebrige Kotausscheidungen, die den Befall durch Rußpilze auf den Blättern fördern. Die erwachsenen Tiere haben Sprungbeine und 4 Flügel. Sie fliegen auch tags in großer Zahl umher.

J F M A M J J A S O N D

Engerling (Maikäfer-Larve) (S. 48)

Die als Engerlinge bezeichneten, im Boden lebenden Larven der Mai-, Juni- und Julikäfer haben einen walzenförmigen, deutlich gegliederten Körper mit einem braunen, augenlosen Kopf. Dieser weist starke Kiefer auf. Die 3 Brustglieder sind weißlich und weich und tragen 3 kurze, krallenartige Beinpaare. Der Hinterleib ist eingekrümmt, weichhäutig weiß, sein Ende dunkel gefärbt mit glasiger Haut und aufgebläht. Engerlinge ernähren sich von Humus und Pflanzenwurzeln und können erheblichen Schaden anrichten.

Bockkäfer-Larve (S. 62–68)

Unter der Rinde und im Holz toter Bäume leben die langgestreckten Larven der Bockkäfer. Sie haben einen kurzen, schwarzbraunen, stark verhärteten Kopf mit kräftigen Mundwerkzeugen. Das Halsschild ist breit, braun und ebenfalls hart chitinisiert. Die Beine sind weitgehend zurückgebildet, doch kann sich die Larve mit Kriechwülsten gut fortbewegen. Als Nahrung dient die Holzsubstanz, von der wegen der Nährstoffarmut erhebliche Mengen während meist mehrjähriger Entwicklungszeit gefressen wird.

Dickmaulrüssler-Larve (S. 88)

Die Larven der Rüsselkäfer leben in oder an Pflanzengewebe oder im Erdboden. Die Larve des Dickmaulrüsslers findet man nicht selten in Blumenkästen, wo sie durch Benagen von Wurzeln und Knollen die Zierpflanzen zum Absterben bringt. Sie ist bis 15 mm groß, walzenförmig, leicht eingekrümmt und faltig gegliedert. Ihr Kopf ist braun und hart, mit kräftigen Kiefern. Der Körper ist weiß bis bräunlich und mit zahlreichen Warzen und Haaren besetzt.

Drahtwurm (Schnellkäfer-Larve) (S. 94–95)

Die Larven der Schnellkäfer ähneln den bekannten »Mehlwürmern«, leben jedoch als »Drahtwürmer« im Erdreich. Dort fressen sie die Wurzeln von unterschiedlichen Pflanzen, bohren sich durch Kartoffeln und andere Knollen und können beträchtliche Schäden anrichten. Sie sind wurmförmig lang und drahtartig steif (Name!), haben aber im Gegensatz zu »Würmern« am gut gegliederten Körper 3 Beinpaare und einen breiten, harten Kopf mit kräftigen Kiefern.

Kartoffelkäfer-Larve (S. 79)

Die Larven der Kartoffelkäfer haben einen prall aufgeblähten Rücken, der rosarot gefärbt ist und glasig erscheint. Der Kopf ist schwarz und kleiner als das rötliche, meist schwarz gezeichnete Halsschild. Die 6 schwarzen Beine sind kurz und kräftig, der Hinterleib hat seitlich 2 Reihen schwarzer Flecken. Die Larven fressen in Gruppen Kartoffelblätter bis auf die Rippen. Man sollte sie nicht mit den ähnlichen, aber nützlichen Larven der Marienkäfer (S. 224) verwechseln.

Ameisenlöwe (Ameisenjungfer-Larve) (S. 186)

Der Ameisenlöwe, die bis 10 mm große Larve der Ameisenjungfer, hat einen walzenförmigen, stark behaarten Körper und kräftige, lange Zangen. Er legt im Schutz von überhängenden Wegrändern, Felsen und Mauern in lockerem, sandigem Boden einen Fangtrichter an. Am Grunde dieses Trichters lauert er auf abrutschende Ameisen und andere Insekten, die er mit seinen Zangen ergreift, durch Einspritzen von Gift lähmt und dann aussaugt.

Schwebfliegen-Larve (S. 208)

Der unterseits flache, oberseits leicht gewölbte, gegliederte Körper einer Schwebfliegenlarve erinnert in Form und Bewegungsweise an einen Egel. Hinter dem kleinen Kopf verbreitert er sich allmählich und ist im hinteren Drittel am breitesten. Meist ist er grünlich oder bräunlich gefärbt, etwas glasig durchscheinend und mit bunter Zeichnung auf der Mittellinie. Schwebfliegenlarven sind emsige Blattlausvertilger und sitzen oft mitten in Blattlauskolonien.

Florfliegen-Larve (S. 187)

Die bis 6 mm große Larve der Florfliege lebt auf Büschen und Bäumen. Sie ist langgestreckt, kräftig behaart, besitzt 6 Beine und hat ein Paar langer Saugzangen. Mit diesen ergreift und frisst sie kleine Insekten, insbesondere Blattläuse, zu deren größten Feinden sie gehört. Mit dem ausstülpbaren Enddarm kann sie sich am Untergrund festheften. Zur Verpuppung spinnt sie sich in einem Kokon in Rindenritzen, zwischen Stängeln oder Zweigen ein.

Marienkäfer-Larve (S. 72–75)

Die blattlausfressenden Larven der Marienkäfer werden bis zu 15 mm groß und haben eine kleine, schwarze, feste Kopfkapsel mit beißenden Mundwerkzeugen. Der Körper ist langgestreckt, geringfügig abgeflacht, mit kräftigen Beinen unter den 3 Brustgliedern. Auf den Hinterleibsringen stehen zahlreiche Warzen, die von Borstenbüscheln gekrönt werden. Meist sind sie dunkel gefärbt, mit roten oder gelben und schwarzen Punktmustern auf der Vorderbrust und dem Hinterleib.

Blattwespen-Larve (S. 176)

Die Larven der Blattwespen fressen Blätter und sehen den Raupen von Schmetterlingen ähnlich. Sie sind langgestreckt walzenförmig, meist grün, bisweilen auch bunt gefärbt, weichhäutig, mit kleiner, harter Kopfkapsel und 3 Beinpaaren an den 3 Brustgliedern. Auf diese folgen 10 Körperglieder mit 6–8 kurzen Fußpaaren, während Schmetterlingsraupen

nur höchstens 5 Paar solcher »Afterfüße« haben. Blattwespen-Larven sind zudem glatt und nie lang behaart.

Fliegenmade (Fliegen-Larve) (S. 196–201)

Bleiche, bis ca. 12 mm große, beinlose, aber ansonsten an kurze Raupen erinnernde Larven mit einem abgerundeten und einem mehr zugespitzten Körperende. Meist durch Strecken und Zusammenziehen des Körpers sehr beweglich, schnell kriechend. Manche sondern ein enzymartiges Sekret ab, das feste Nahrung – Fleisch, Aas,

Fäkalien – bereits vor dem Mund verflüssigt. Entwicklung in wenigen Tagen abgeschlossen und Puppe als braunes, kleines Tönnchen im Boden.

Kohlschnaken-Larve (S. 216)

Kohlschnaken legen ihre Eier in den Boden, wo sich dann die wurstförmigen Larven von Pflanzenwurzeln ernähren und größere Schäden, besonders an Sämlingen anrichten können. Ihr langgestreckter, schwach gegliederter Körper hat eine zähe, pergamentartige Haut und wird bis 50 mm lang. Der Kopf kann weit in den beinlosen Körper zurückgezogen

werden, das Hinterende trägt Atemöffnungen und sieht frontal betrachtet wie eine kleine Teufelsfratze aus.

Großlibellen-Larve (S. 30–38)

Libellenlarven sind langgestreckt und haben an der Brust 3 gut ausgebildete Beinpaare. Der Kopf hat große Augen. Die Unterlippe ist zu einer dreigliedrigen Fangmaske umgebildet, mit der die lauernde Larve blitzschnell kleine Wassertiere bis zur Größe eine Kaulquappe oder eines Jungfisches ergreifen kann. Die massigen Larven der Großlibellen besitzen am Hinterleibsende 5 spitze Dornen, mit denen sie stechen und sich verteidigen können.

Kleinlibellen-Larve (S. 39–45)

Libellenlarven laufen meist am Grund oder klettern in Wasserpflanzen. Sie schwimmen auch geschickt durch horizontales Schlängeln der Körpers oder indem sie das Atemwasser aus dem Darm ausstoßen. Die schlanken Larven der Kleinlibellen haben zudem am Hinterleibsende 3 fächerartig ausgebreitete Ruderplättchen, die beim Schwimmen zum Rudern und Steuern dienen. Sie atmen über die Haut und mit einem Kiemendarm und klettern zum Schlüpfen aus dem Wasser.

Gelbrandkäfer-Larve (S. 98)

Die Larve ist sehr lang gestreckt und schwimmt sowohl durch horizontales Schlagen des Körpers als auch mit Hilfe ihrer Schwimmbeine. Sie lebt räuberisch von verschiedensten Wassertieren wie Insektenlarven, Kaulquappen und kleinen Fischen. Die Beute wird mit den großen, hohlen Greifzangen gepackt, durch Einspritzen von Gift gelähmt und vorverdaut und anschließend ausgesaugt. Die Larve verpuppt sich an Land in einer Erdhöhle.

Köcherfliegen-Larve (S. 194)

Die Köcher der Köcherfliegen bestehen, je nach Köcherfliegen-Art aus sehr unterschiedlichem Fremdmaterial: Sandkörner, Pflanzenstängel, Blattstückchen, Schneckenhäuser etc. Die Larve bewegt dieses Material mit ihrem dritten Beinpaar und verkittet es mit Spinnfäden zu einer festen Röhre. Mit dieser Röhre bewegt sie sich am Gewässerboden und verschließt bei Gefahr das Vorderende mit ihrem Kopf. Den Köcher verlängert und verbreitert sie während ihres Wachstums jeweils am Vorderende und verkürzt ihn am engen Hinterende. Zur Verpuppung spinnt die Larve den Köcher am Untergrund fest. Sie sieht einer Schmetterlingsraupe nicht unähnlich, besitzt aber am Hinterleib und/oder der Brust lange Kiemenbüschel. Das Atemwasser muss durch den hinten offenen Köcher strömen. Als Nahrung dienen meist tote pflanzliche und tierische Stoffe, doch leben manche Arten auch überwiegend räuberisch von Insektenlarven. Es gibt auch Köcherfliegen, deren Larven sich keinen Köcher bauen.

Steinfliegen-Larve (S. 192)

Steinfliegen-Larven haben einen sehr großen Kopf mit kleinen Augen und 3 breite, schildförmige Brustabschnitte mit feinen Kiemenanhängen. Die Beine sind sehr kräftig und behaart, der Hinterleib ist relativ kurz, mit 2 gegliederten und behaarten langen Anhängen am Ende. Die Larve lebt am Grund kalter Fließgewässer angepresst an Steine und läuft geschickt. Ihre Nahrung sind andere Wasserinsekten und deren Larven. Zu ihrer Entwicklung benötigt sie bis zu 3 Jahre.

Eintagsfliegen-Larve (S. 195)

Die Larven der Eintagsfliegen leben vorzugsweise am Boden von Fließgewässern und sind leicht an ihren 3 langen, gegliederten und behaarten Schwanzborsten zu erkennen. Kopf und Brust sind kräftig, Fühler und Beine behaart. Über den ersten 7 Segmenten des Hinterleibes liegen auf dem Rücken fein gefiederte Kiemenbüschel. Eintagsfliegen-Larven leben von kleinen pflanzlichen- und tierischen Resten, die sie von Steinen oder aus dem Bodenschlamm aufnehmen.

Schlammfliegen-Larve (S. 193)

Langgestreckte, bis 20 mm lange, hell- bis dunkelbraun gefärbte Larve mit großem, schildförmigem Kopf und 3 Brustsegmenten. Die Kiefer sind kräftig und bezahnt. Jedes der ersten 7 Hinterleibssegmente trägt an den Seiten ein gegliedertes, mit langen Haaren versehenes Kiemenbüschel. Der Hinterleib läuft in einen behaarten Schwanzfaden aus. Schlammfliegen-Larven leben räuberisch im Schlamm des tieferen Wassers und überwintern dort 2-mal.

Waffenfliegen-Larve (S. 209)

Fußlose, abgeflacht lang-spindelförmige, quergerippte, bis 50 mm lange Larve mit dornenbesetzter, leicht verkalkter, zäher Haut. Das Hinterende ist in ein Atemrohr ausgezogen. Waffenfliegen-Larven leben in feuchtem Boden, stehendem oder fließendem Süß- und Brackwasser, wo sie Algenrasen abweiden oder Schwebeteilchen aus dem Wasser filtern. Die im Wasser lebenden Larven hängen mit dem Ende ihres Atemrohres unter der Oberfläche und sinken bei Störung schnell zum Grund.

Hausschnaken-Larven (S. 212)

In fast jeder kleinen Wasser-
ansammlung und Regentonne
hängen im Sommer die Larven
der Hausschnake unter der
Wasseroberfläche. Kopfunter
schöpfen sie dort mit ihrem
Atemrohr Luft, um sich bei
Störung geschwind in die Tiefe
zu schlängeln. Das Atemrohr
sitzt an einem schlanken, gegliederten Hinterleib, vor dem
die beinlose, kugelige Brust
liegt. Die Kopfkapsel besitzt Augen, lange Fühler und Mundwerkzeuge die organische Nahrungsteilchen aus dem Wasser filtern.

Hausschnaken-Puppe (S. 212)

Die Puppen der Hausschnaken
hängen meist neben den Larven unter der Wasseroberfläche
mit dem Rücken nach oben.
Kopf und Brust sind zu einer
paketartigen Einheit verschmolzen, an der sich die Augen als
schwarze Flecke abzeichnen.
Aus dem Rücken ragen 2 Atem-
rohre an die Wasseroberfläche.
Der Hinterleib ähnelt dem der
Larve und endet in 2 Schwanz-
plättchen, die als Schwimmfächer dienen. Mit seiner Hilfe kann sich
die Puppe blitzschnell durch das Wasser bewegen.

Zuckmücken-Larve (S. 214)

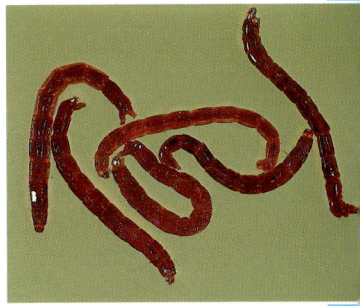

Zuckmücken-Larven leben oft
massenhaft im Bodenschlamm
fast jeden Gewässers, sei es ein
tiefer See, kleiner Teich oder
Bach, schlammiger Graben, eis-
kalter Gletscherfluss oder eine
heiße Quelle. Der 2–20 mm
lange, wurmförmige Körper ist
bei etlichen Arten durch Blut-
farbstoff rot gefärbt und hat
einen kleinen Kopf mit Augen
und Fühlern. Die Larven leben
in Gespinströhren, durch die sie Wasser strudeln, und ernähren sich
von organischen Partikeln und Algen. Als Fischnahrung sind sie von
großer Bedeutung.

Ananasgalle

Häufig findet man am Maitrieb der Fichten Gebilde, die wie eine kleine Ananas aussehen. Es sind die Gallen einer Blattlaus. Die Gelbe Fichtengallenlaus *(Sacchiphantes abietis)* hat dort im Frühjahr ihre Eier abgelegt. Die Larven schädigen unter den Schuppen der Nadelansätze das Gewebe, das zur Ananasgalle heranwächst. Im Herbst werden die gelbgrünen Gallen braun und hart, öffnen sich und die nächste Generation der Blattläuse erscheint.

Schlafapfel

An den Endtrieben von Rosen findet man nicht selten bis 5 cm große, haarige Knäuel von rötlichbrauner bis grüner Farbe. In diesen liegen die zahlreichen Kammern der Rosengallwespe *(Diplolepis rosae)*. Die winzigen Gallwespen schlüpfen im Frühjahr aus den dann unansehnlichen braunen Gallen des Vorjahres und legen ihre Eier in die frischen Knospen. Früher legte man die Gallen unter das Kopfkissen, um besser und ruhiger zu schlafen – daher der Name.

Spitze Buchengalle

Häufig sind die Blätter von Buchen auf ihrer Oberseite und am Rand von 5–10 mm langen, oben spitz zulaufenden Tönnchen übersät. In jeder dieser Gallen liegt eine Larve der nur 1,5–2 mm großen Buchengallmücke *(Mikiola fagi)*. Die Gallen lösen sich im Herbst von den Blättern. Die Gallmückenlarve spinnt dann das offene Ende zu und überwintert als Puppe in der Galle am Boden. Im April des folgenden Jahres schlüpfen Gallmücken und legen ihre Eier in die Buchenknospen.

Eichengallapfel

Häufig sieht man im Sommer auf der Unterseite von Eichenblättern bis 20 mm große, kugelige, grün und rot gefärbte Galläpfel. Früher hat man sie wegen ihres hohen Gehaltes an Gerbsäure benutzt, um die »Eisengallustinte« herzustellen. Die Galläpfel werden von Larven der 2. Generation der Eichengallwespe *(Cynips quercusfolii)* verursacht. Die Larven der im zeitigen Frühjahr schlüpfenden 1. Generation erzeugen kleine Knospengallen an den Eichentrieben.

Linsenförmige Eichengalle

Von den zahlreichen Eichengallen bieten die der Gallwespe *Neuroterus quercus-baccarum* ein weiteres gutes Beispiel für einen Generationswechsel. Im Sommer sehen wir auf der Oberseite von Eichenblättern 3 mm große, linsenförmige Gallen die im Herbst abfallen. Im folgenden Frühjahr schlüpfen aus ihnen Gallwespen, deren Larven schnell wachsende, einer Weinbeere ähnliche Gallen erzeugen, aus denen dann wieder die Sommergeneration schlüpft.

Kartoffelgalle

Wenn im Spätwinter die Gallwespe *Biorrhiza pallida* ihre Eier an die Knospen der Eichentriebe legt, entstehen die bis 40 mm großen Kartoffelgallen, die zahlreiche Larvenkammern enthalten. Die Weibchen der aus ihnen im Sommer schlüpfenden Gallwespen graben sich in den Boden ein, wo sie ihre Eier an Eichenwurzeln legen. Dort bilden sich dann Wurzelgallen mit der nächsten Generation und der Kreis schließt sich so wieder im Spätwinter.

Literaturhinweise

BROHMER, P. (2000): Fauna von Deutschland. – 20. Aufl., 580 S.; Quelle & Meyer Verlag, Heidelberg.

DETZEL, P. (1998): Die Libellen Baden-Württembergs. – 580 S.; Verlag Eugen Ulmer, Stuttgart.

FREUDE, H., & HARDE, K. W., & LOHSE, G. A. (Herausgeber): Die Käfer Mitteleuropas. – 11 Bände (1965–1983); Verlag Goecke & Evers, Krefeld. [4 Supplementbände sowie weitere Bände zu Ökologie, Larven und Katalog bis 2001 erschienen, zuletzt Spektrum Akademischer Verlag, Heidelberg]

GRZIMEKS TIERLEBEN. – Band 2: Insekten, 625 S. [Mehrere Auflagen]

HONOMICHEL, K., (1998): Biologie und Ökologie der Insekten. – 3. Aufl., 678 S., Spektrum Akademischer Verlag, Heidelberg, Berlin

STERNBERG, K. & BUCHWALD, R. (Herausgeber): Die Libellen Baden-Württembergs. – Band 1 (1999): 468 S., Band 2: 712 S.; Verlag Eugen Ulmer, Stuttgart.

STRESEMANN, E.: Exkursionsfauna von Deutschland 2 Wirbellose: Insekten [Mehrere Auflagen]

URANIA-TIERREICH. – Band 3: Insekten, 775 S. [Mehrere Auflagen]

WESTRICH, P. (1989): Die Wildbienen Baden-Württembergs. – 2 Bände: 972 S.; Verlag Eugen Ulmer, Stuttgart.

Hinsichtlich der zahlreichen Naturbuchreihen und Bestimmungswerke sollte man sich aktuell und entsprechend dem jeweiligen Bedürfnis durch den Buchhandel beraten lassen.

Insektenforschung

Viele Wissenschaftler forschen an Insekten, professionell oder als Amateure. Sie arbeiten an Naturkundemuseen, Universitätsinstituten, Landesämtern und Bezirksstellen für Naturschutz, in Naturschutz-Verbänden, Vereinen oder in der Stille. Ihre Arbeitsergebnisse werden in unterschiedlichen Zeitschriften veröffentlicht, man kann ihnen bei Vorträgen, auf Insektenbörsen oder an ihrem Arbeitsplatz begegnen. Die wenigsten unter ihnen lehnen einen Kontakt mit Fragestellern ab. Jene Leser, die ein ernstes Interesse an Insekten haben, sollten sich deshalb an ein nahegelegenes Zoologisches Universitäts-Institut oder eines der großen Naturkundemuseen z.B. in Basel, Berlin, Bonn, Dresden, Erfurt, Frankfurt am Main, Genève, Görlitz, Graz, Karlsruhe, Luzern, München, Salzburg, Strasbourg, Stuttgart oder Wien wenden, oder an eins der kleineren Naturkundemuseen, die es an vielen Orten gibt. Auch haben zahlreiche kulturgeschichtliche Museen naturkundliche Abteilungen. Außerdem gibt es in Eberswalde das Deutsche Entomologische Institut.

Deutsche und wissenschaftliche Insektennamen

Acanthocinus aedilis 64
Acheta domestica 149
Acilius sulcatus 99
Ackerhummel 157
Adalia bipunctata 73
Adonislibelle 39
Aeshna cyanea 31
Agrilus biguttatus 70
Ameisen-Buntkäfer 87
Ameisenjungfer 186
Ameisenjungfer-Larve 223
Ameisenlöwe 223
Ameisenwespe 17
Ammophila pubescens 175
Ampedus sanguineus 95
Amphimallon solstitiale 49
Ananasgalle 230
Anatis ocellata 74
Anax imperator 30
Andrena cineraria 162
Anomala dubia 50
Anopheles maculipennis 213
Anthaxia nitidula 71
Anthocoris nemorum 121
Anthrenus verbasci 93
Apanteles glomeratus 180
Aphis fabae 220
Aphrophora alni 132
Apis mellifica 161
Aromia moschata 63
Athous haemorrhoidalis 94
Augenmarienkäfer 74
Auplopus carbonarius 172
Azurjungfer, Hufeisen- 43

Bachhaft 188
Bachläufer 123
Baumwanze, Rotbeinige 106
Beerenwanze 105
Bembix rostrata 169
Bergzikade 130
Bettwanze 117
Bibio marci 217
Bienenameise 17
Bienenwolf 168
Binsenjungfer 42
Birkenblattwespe, Große 176
Blatta orientalis 153
Blattella germanica 152
Blattkäfer, Johanniskraut- 78
Blattwespen-Larve 225
Blauflügel-Prachtlibelle 45
Blauflügelige Ödlandschrecke 142
Blaupfeil, Großer 33
Blumenwanze 121

Blutrote Heidelibelle 37
Blutroter Schnellkäfer 95
Blutzikade 131
Bockkäfer-Larve 222
Bohnenblattlaus, Schwarze 220
Bombardierkäfer 81
Bombus agrorum 157
Bombus lapidarius 156
Bombus pratorum 155
Bombus terrestris 154
Bombylius major 158
Brachinus explodens 81
Brackwespe, Weißling- 180
Buchdrucker 91
Büffelzirpe 133
Buntkäfer, Ameisen- 87

Calliphora vomitoria 196
Calopteryx splendens 44
Calopteryx virgo 45
Calosoma sycophanta 58
Camponotus ligniperda 181
Cantharis fusca 82
Carabus auratus 59
Carabus coriaceus 60
Carabus hortensis 61
Cassida viridis 80
Cerambyx cerdo 62
Cercopis vulnerata 131
Cetonia aurata 52
Chironomus plumosus 214
Chorthippus parallelus 141
Chrysis ignita 177
Chrysobothris affinis 69
Chrysomela varians 78
Chrysopa perla 187
Chrysops relictus 204
Cicadetta montana 130
Cicindela campestris 56
Cicindela silvatica 57
Cimbex femorata 176
Cimex lectularius 117
Clytus arietis 66
Coccinella septempunctata 72
Coenagrion puella 43
Colletes daviesanus 163
Conocephalus discolor 138
Cordulia aenea 38
Coreus marginatus 111
Corixa punctata 125
Corizus hyoscyami 112
Corythucha ciliata 118
Crabro cribrarius 173
Culex pipiens 212
Curculio nucum 90

Decticus verrucivorus 140
Dermestes lardarius 92
Deutsche Schabe 152
Deutsche Wespe 165
Dickmaulrüssler 88
Dickmaulrüssler-Larve 222
Dictyophara europaea 134
Dolycoris baccarum 105
Drahtwurm 223
Drosophila melanogaster 211
Dungfliege 199
Dytiscus marginatus 98

Ectobius lapponicus 151
Eichenbock, Großer 62
Eichengallapfel 231
Eichenschrecke 139
Eintagsfliege 195
Eintagsfliegen-Larve 228
Engerling 222
Ephemera danica 195
Erdhummel 154
Erdwanze 110
Eristalis tenax 206
Erlen-Schaumzikade 132
Essigfliege 211
Eumenes pedunculatus 171
Europäischer Laternenträger 134
Eurydema ornatum 107
Eurygaster maura 109

Federjungfer 40
Feld-Maikäfer 48
Feld-Sandlaufkäfer 56
Feldgrille 148
Feldheuschrecke 141
Feldwespe 167
Feuerkäfer 85, 114
Feuerwanze 114
Fiebermücke, Gefleckte 213
Fleischfliege 198
Fliege, Weiße 221
Fliegen-Larve 225
Fliegenmade 225
Florfliege 187
Florfliegen-Larve 224
Forficula auricularia 103
Formica rufa 182
Frühlings-Mistkäfer 51
Furchenschwimmer 99

Garten-Laubkäfer 49
Garten-Laufkäfer 61
Gebänderte Prachtlibelle 44
Gefleckte Fiebermücke 213
Gefleckter Schmalbock 67
Gelbe Wiesenameise 185

Gelbrandkäfer 98
Gelbrandkäfer-Larve 226
Gemüsewanze 107
Geotrupes vernalis 51
Gerris lacustris 122
Gewöhnliche Heidelibelle 36
– Stechmücke 212
– Wespe 164
Gewöhnlicher Ohrwurm 103
– Schnellkäfer 94
– Wasserläufer 122
Glühwürmchen 83
Gold-Laufkäfer 59
Goldauge 187
Goldaugenbremse 204
Goldfliege 197
Goldwespe 177
Gomphocerippus rufus 145
Gomphus pulchellus 32
Gottesanbeterin 136
Grabwespe, Heuschrecken- 174
–, Sand- 175
Graphosoma lineatum 108
Grashüpfer 141
Große Birkenblattwespe 176
– Köcherfliege 194
– Pechlibelle 41
– Raubfliege 210
– Schwebfliege 208
– Steinfliege 192
Großer Blaupfeil 33
– Eichenbock 62
– Prachtkäfer 69
Großes Grünes Heupferd 137
Großlibellen-Larve 226
Grüne Stinkwanze 104
Grüner Schildkäfer 80
Gryllotalpa gryllotalpa 147
Gryllus campestris 148
Gyrinus substriatus 97

Haarmücke 217
Haematopota pluvialis 203
Haselnussbohrer 90
Hausschabe 152
Hausschnaken-Larven 229
Hausschnaken-Puppe 229
Heidelibelle, Blutrote 37
–, Gewöhnliche 36
Heimchen 149
Heldbock 62
Heupferd, Großes Grünes 137
Heuschrecken-Grabwespe 174
Hirsch-Lausfliege 205
Hirschkäfer 46
Holz-Schlupfwespe 179
Holzameise, Schwarze 183
Holzbiene 159
Honigbiene 161

Hornisse 166
Hornissen-Schwebfliege 207
Hufeisen-Azurjungfer 43
Hydrometra stagnorum 124
Hydrous piceus 100

Ilyocoris cimicoides 127
Immenkäfer 86
Ips typographus 91
Ischnura elegans 41

Johanniskraut-Blattkäfer 78
Julikäfer 50
Junikäfer 49

Kamelhalsfliege 190
Kartoffelgalle 231
Kartoffelkäfer 79
Kartoffelkäfer-Larve 223
Keiljungfer 32
Keulenschrecke, Rote 145
Kleinlibellen-Larve 226
Köcherfliege, Große 194
Köcherfliegen-Larve 227
Kohlschnake 216
Kohlschnaken-Larve 225
Kolbenwasserkäfer 100
Königslibelle 30
Kreiselwespe 169
Kriebelmücke 215
Küchenschabe 153
Kurzflügler 102

Lamprohiza splendidula 83
Langflügelige Schwertschrecke 138
Lasius flavus 185
Lasius fuliginosus 183
Lasius niger 184
Laternenträger, Europäischer 134
Laufkäfer, Gold- 59
-, Garten- 61
-, Leder- 60
Lausfliege, Hirsch- 205
Leder-Laufkäfer 60
Lederwanze 111
Ledra aurita 135
Lehmwespe 170
Lepisma saccharina 218
Leptinotarsa decemlineata 79
Leptura rubra 68
Lestes sponsa 42
Libellula depressa 34
Libellula quadrimaculata 35
Libelluloides coccajus 189
Lilienhähnchen 76
Lilioceris lilii 76

Linsenförmige Eichengalle 231
Liparus glabirostris 89
Lipoptena cervi 205
Locusta migratoria 144
Lucanus cervus 46
Lucilia caesar 197
Lygaeus equestris 113
Lygus pratensis 119

Machimus-Gruppe 210
Maikäfer, Feld- 48
Maikäfer-Larve 222
Mantis religiosa 136
Marienkäfer-Larve 224
Mauerbiene, Rotbraune 160
Maulwurfsgrille 147
Meconema thalassinum 139
Mehlkäfer 96
Mehlwurm 96
Melasoma populi 77
Meloë proscarabaeus 101
Melolontha melolontha 48
Mistbiene 206
Mistkäfer, Frühlings- 51
Moderkäfer, Rotflügeliger 102
Mohrenwanze 109
Mosaikjungfer 31
Moschusbock 63
Mutilla 17
Musca domestica 200
Museumskäfer 93
Mymeleon formicarium 186

Nabis pseudoferus 116
Nashornkäfer 47
Necrophorus vespilloides 54
Nepa rubra 128
Netzwanze, Plantanen- 118
Notonecta glauca 126

Ödlandschrecke, Blauflügelige 142
Odynerus spinipes 170
Oecanthus pellucens 150
Oeceoptoma thoracica 55
Oedemera nobilis 84
Oedipoda caerulescens 142
Ohrenzikade 135
Ohrwurm, Gewöhnlicher 103
Ölkäfer 101
Orthetrum cancellatum 33
Oryctes nasicornis 47
Osmia rufa 160
Osmylus fulvicephalus 188
Otiorrhynchus clavipes 88
Oxycera meigeni 209

Palomena viridissima 104
Panorpa communis 191
Pappelblattkäfer 77
Pappelbock 65
Pechlibelle, Große 41
Pentatoma rufipes 106
Perla marginata 192
Pestwurzrüssler 89
Philanthus triangulum 168
Phrygaena grandis 194
Phyllopertha horticola 49
Pillenwespe 171
Pinselkäfer 53
Platanen-Netzwanze 118
Plattbauch 34
Platycnemis pennipes 40
Podura aquatica 219
Polistes dominulus 167
Prachtkäfer, Großer 69
–, Zierlicher 71
–, Zweifleckiger 70
Prachtlibelle, Blauflügel- 45
–, Gebänderte 44
Psophus stridulus 143
Punktierte Wasserzikade 125
Puppenräuber 58
Pyrochroa coccinea 85
Pyrrhocoris apterus 114
Pyrrhosoma nymphula 39

Ranatra linearis 129
Raubfliege, Große 210
Reduvius personatus 115
Regenbremse 203
Rhabdomiris striatellus 120
Rhyssa persuasoria 179
Riesenholzwespe 178
Rinderbremse 202
Ritterwanze 113
Rosenkäfer 52
Rossameise 181
Rotbeinige Baumwanze 106
Rotbraune Mauerbiene 160
Rote Keulenschrecke 145
– Waldameise 182
Rotflügelige Schnarrschrecke 143
Rotflügeliger Moderkäfer 102
Rothalsbock 68
Rothalssilphe 55
Rückenschwimmer 126

Säbeldornschrecke 146
Sand-Grabwespe 175
Sandbiene 162
Sandlaufkäfer, Feld- 56
–, Wald- 57
Saperda carcharias 65
Sarcophaga carnaria 198

Scatophaga stercoraria 199
Schaumzikade, Erlen- 132
Schenkelkäfer 84
Schildkäfer, Grüner 80
Schlafapfel 230
Schlammfliege 193
Schlammfliegen-Larve 228
Schlupfwespe, Holz- 179
Schmalbock, Gefleckter 67
Schmeißfliege 196
Schmetterlingshaft 189
Schmuckwanze 120
Schnarrschrecke, Rotflügelige 143
Schnellkäfer, Blutroter 95
–, Gewöhnlicher 94
Schnellkäfer-Larve 223
Schwarze Bohnenblattlaus 220
– Holzameise 183
Schwarzgraue Wegameise 184
Schwebfliege 207
–, Große 208
Schwebfliegen-Larve 224
Schwertschrecke, Langflügelige 138
Schwimmwanze 127
Seidenbiene 163
Sialis lutaria 193
Sichelwanze 116
Siebenpunkt 72
Silberfischchen 218
Simulium sp. 215
Skorpionsfliege 191
Smaragdlibelle 38
Soldatenkäfer 82
Speckkäfer 92
Sphex rufocinctus 174
Spinnenameise 17
Spitze Buchengalle 230
Springschwanz, Wasser- 219
Stabwanze 129
Staphylinus caesarius 102
Staubwanze 115
Stechmücke, Gewöhnliche 212
Steinfliege, Große 192
Steinfliegen-Larve 227
Steinhummel 156
Stictocephala bisonia 133
Stinkwanze, Grüne 104
Stomoxys calcitrans 201
Strangalia maculata 67
Streifenwanze 108
Stubenfliege 200
Sympetrum vulgatum 36
Sympetrum sanguineum 37
Syrphus ribesii 208

Tabanus bovinus 202
Taumelkäfer 97
Teichläufer 124
Tenebrio molitor 96

Tetrix subulata 146
Tettigonia viridissima 137
Thanasimus formicarius 87
Thea vigintiduopunctata 75
Tipula sp. 216
Tönnchenwespe 172
Totengräber 54
Trialeurodes vaporariorum 221
Trichius fasciatus 53
Trichodes apiarius 86
Tritomegas bicolor 110

Urocerus gigas 178

Velia caprai 123
Vespa crabro 166
Vespula germanica 165
V. vulgaris 164
Viehbremse 202
Vierfleck 35
Volucella zonaria 207

Wadenstecher 201
Waffenfliege 209
Waffenfliegen-Larve 228
Wald-Maikäfer 48
Wald-Mistkäfer 51
Wald-Sandlaufkäfer 57
Waldameise, Rote 182
Waldschabe 151
Wanderheuschrecke 144
WanzenWeichwanze

Weichwanze, Wiesen- 119
Warzenbeißer 140
Wasser-Springschwanz 219
Wasserläufer, GEwöhnlicher 122
Wasserskorpion 128
Wasserzikade, Punktierte 125
Wegameise, Schwarzgraue 184
Wegwespe 173
Weinhähnchen 150
Weiße Fliege 221
Weißling-Brackwespe 180
Wespe, Deutsche 165
–, Gewöhnliche 164
Widderbock 66
Wiesen-Weichwanze 119
Wiesenameise, Gelbe 185
Wiesenhummel 155
Wollkrautblütenkäfer 93
Wollschweber 158

Xanthostigma xanthostigma 190
Xylocopa violacea 159

Zierlicher Prachtkäfer 71
Zimmermannsbock 64
Zimtwanze 112
Zuckmücke 214
Zuckmücken-Larve 229
Zweifleckiger Prachtkäfer 70
Zweipunkt 73
Zweiundzwanzigpunkt 75

Bildnachweis

Bellmann: , 17, 22, 32/1, 33/2, 37/2, 38/3, 40/1, 62/1, 64/1, 65/1, 69/3, 70/1, 70/3, 89/1, 89/3, 96/1, 97/2, 100/3, 101/1, 105/1, 113/1, 114/1, 121/1, 133/1, 134/3, 139/3, 140/3, 141/1, 142/2, 143/1, 143/2, 145/2, 146/3, 150/1, 152/2, 152/3, 153/1, 153/3, 154/3, 159/1, 160/1, 162/1, 162/2, 162/3, 163/1, 163/3, 167/3, 168/1, 172/3, 173/3, 174/1, 174/3, 175/1, 178/1, 183/2, 185/1, 186/2, 186/3, 188/1, 189/1, 203/2, 209/1, 209/2, 209/3, 213/1, 213/2, 215/1, 218/3, 219/1, 219/2, 229/m

Eisenreich: 33/1

Giel: 18ul, 30/2, 122/2, 130/2

Hagen: 44/1, 175/3, 197/1

Hecker: 37/3

Hecker: 38/1, 42/1, 42/3, 44/2, 48/3, 51/1, 55/1, 55/2, 60/1, 74/1, 76/1, 76/2, 80/1, 98/1, 103/1, 103/2, 112/3, 122/1, 126/1, 126/3, 128/1, 128/2, 128/3, 137/3, 149/2, 182/3, 210/1, 210/2, 222/1, 222/3, 223/4, 226/m, 226/u, 228/o

Hinz: 2/3, 11, 33/3, 36/3, 40/3, 41/3, 45/2, 52/1, 53/3, 85/3, 148/3, 156/1, 167/1

Holzenbecher: 12, 30/1, 57/3, 136/1, 136/2, 136/3, 137/1, 147/1

König: 16, 63/1, 72/3, 79/1, 100/1, 117/3, 158/3, 168/3, 178/2, 178/3, 179/1, 201/3, 202/2, 211/3, 228/m, 231/o

Niermann: 4, 20, 32/2, 32/3, 40/2, 41/1, 45/1, 56/3, 144/3, 154/1, 182/2

Pfletschinger/Angermayer: 9, 15, 18ur, 30/3, 41/2, 46/1, 46/2, 46/3, 47/1, 47/2, 49/3, 54/3, 76/3, 82/1, 82/2, 83/3, 86/1, 86/3, 85/1, 85/2, 87/1, 88/1, 88/2, 88/3, 91/3, 94/2, 94/3, 96/2, 98/2, 99/3, 106/3, 110/3, 111/3, 114/2, 125/2, 126/2, 129/1, 132/3, 135/3, 139/1, 153/2, 158/1, 161/1, 161/3, 170/1, 177/3, 181/1, 181/3, 182/1, 186/1, 187/1, 187/3,

190/3, 197/2, 197/3, 200/1, 203/1, 206/1, 206/2, 208/1, 208/2, 208/3, 214/2, 218/2, 223/5, 227/o, 227/m, 227/u, 230/o, 230/u, 231/m

Pforr: 14, 31/3, 34/2, 34/3, 35/1, 35/2, 35/3, 37/1, 43/2, 48/2, 49/1, 50/1, 50/2, 50/3, 56/2, 59/2, 60/2, 65/3, 66/3, 68/1, 68/3, 73/1, 75/2, 79/2, 83/1, 83/2, 87/2, 87/3, 91/1, 91/2, 92/2, 92/3, 94/1, 95/2, 96/3, 97/1, 99/1, 99/2, 101/2, 101/3, 102/3, 108/1, 110/1, 110/2, 111/1, 114/3, 116/1, 116/3, 123/1, 123/3, 124/1, 130/3, 131/2, 132/1, 132/2, 137/2, 138/3, 140/1, 141/2, 141/3, 145/3, 146/1, 149/1, 151/3, 161/2, 164/3, 165/1, 165/2, 165/3, 166/1, 169/1, 184/1, 184/2, 185/3, 189/2, 189/3, 190/1, 190/2, 191/2, 191/3, 200/2, 201/1, 202/1, 204/2, 205/2, 212/1, 212/2, 217/3, 222/2, 223/6, 224/8, 224/9, 225/u, 229/u, 231/u

Sauer/Hecker: 6, 13l, 13r, 26, 38/2, 39/2, 42/2, 43/3, 48/1, 49/2, 51/3, 60/3, 62/2, 62/3, 65/2, 66/2, 67/2, 68/2, 70/2, 71/2, 73/2, 73/3, 75/1, 77/2, 78/3, 80/2, 81/1, 84/1, 84/2, 84/3, 90/1, 90/2, 92/1, 95/3, 100/2, 102/2, 104/2, 105/2, 107/1, 107/3, 112/1, 112/2, 113/2, 115/1, 115/2, 115/3, 119/2, 123/2, 125/3, 131/1, 135/2, 138/2, 140/2, 147/2, 150/2, 151/1, 155/2, 155/3, 157/1, 157/2, 158/2, 163/2, 164/2, 169/2, 169/3, 170/2, 171/1, 171/2, 172/1, 173/1, 173/2, 174/2, 179/2, 179/3, 180/1, 180/2, 180/3, 181/2, 184/3, 185/2, 188/3, 194/1, 194/2, 194/3, 200/3, 201/2, 204/3, 205/3, 206/3, 207/1, 207/2, 207/3, 211/1, 211/2, 216/3, 217/2, 218/1, 221/2, 224/7, 225/o, 225/m, 228/u

Schmidbauer: 24, 39/3, 58/2, 58/3, 61/3, 72/2, 86/2, 89/2, 109/1, 148/2, 155/1, 164/1, 167/2, 170/3, 195/1, 195/2,

198/1, 210/3, 220/1, 220/2,
220/3, 221/1, 230/m
Wachmann: 18o, 47/3, 51/2, 56/1,
57/1, 58/1, 59/1, 59/3, 66/1,
67/3, 69/1, 69/2, 74/2, 77/3,
81/2, 81/3, 105/3, 106/2, 107/2,
109/2, 109/3, 111/2, 116/2,
117/1, 117/2, 118/1, 118/2, 119/1,
119/2, 120/1, 120/2, 120/3,
121/2, 121/3, 124/2, 125/1,
129/2, 130/1, 133/2, 133/3,
134/1, 134/2, 135/1, 159/2,
168/2, 187/2, 188/2, 193/2
Willner: 25, 31/1, 31/2, 34/1,
36/1, 36/2, 39/1, 43/1, 52/3,
53/1, 54/1, 54/2, 61/1, 61/2,
63/2, 63/3, 71/1, 71/3, 72/1,
78/1, 78/2, 82/3, 90/3, 93/1,
93/2, 95/1, 98/3, 102/1, 103/3,
104/1, 104/3, 106/1, 108/2,
108/3, 113/3, 122/3, 127/1,
127/2, 138/1, 139/2, 142/1,

142/3, 144/1, 144/2, 145/1,
146/2, 147/3, 149/3, 150/3,
151/2, 152/1, 154/2, 156/2,
159/3, 160/2, 160/3, 166/2,
166/3, 172/3, 176/1, 176/2,
176/3, 177/2, 183/1, 191/1,
192/2, 192/3, 193/1, 193/3,
196/1, 196/2, 196/3, 198/2,
198/3, 199/1, 199/2, 199/3,
203/3, 204/1, 205/2, 214/1,
214/3, 215/2, 215/3, 216/1,
216/2, 217/1, 226/o, 229/o
Zepf: 21, 29, 52/2, 53/2, 57/2,
64/2, 67/1, 77/1, 148/1, 171/3,
175/2, 177/1, 192/1

Grafiken:
Werner Ring: 195/3
Wilfried Weigel: 212/3, 213/3

Die Deutsche Bibliothek –
CIP-Einheitsaufnahme

Ein Titeldatensatz für diese
Publikation ist bei Der Deutschen Bibliothek erhältlich

BLV
Verlagsgesellschaft mbH
München Wien Zürich
80797 München

© 2002 BLV Verlagsgesellschaft
mbH, München

Umschlaggestaltung:
Studio Schübol, München

Umschlagfotos: Hinz (2x); Pott

Layoutkonzept Innenteil:
Studio Schübel, München

Lektorat: Dr. Friedrich Kögel
Herstellung: Hermann Maxant

Layout und DTP:
Walter Werbegrafik,
Gundelfingen

Reproduktionen: Repro Ludwig,
Zell a. See
Druck: Appl, Wemding
Bindung: Ludwig Auer,
Donauwörth

Gedruckt auf chlorfrei
gebleichtem Papier

ISBN 3-405-16295-5

Entdecken,
beobachten, bestimmen

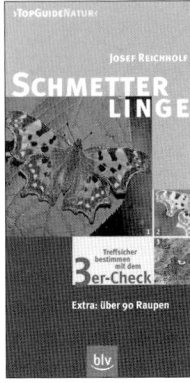

Top Guide Natur
Josef H. Reichholf
Schmetterlinge
Rund 200 Arten treffsicher
bestimmen mit dem 3er-
Check, dem genial einfachen
Bestimmungssystem: nur
drei Merkmale checken –
die gesuchte Art schnell
und sicher identifizieren.

BLV Naturführer
Wolfgang Dierl
Insekten
Libellen, Käfer, Schmetterlinge, Heuschrecken, Wan-
zen, Hummeln, Fliegen und
andere: Merkmale, Vorkom-
men, Nahrung, Entwick-
lung, Lebensweise.

BLV Naturführer
Hans Horn / Friedrich Kögel
Käfer
Goldlaufkäfer und Sieben-
punkt, Moschusbock und
Maikäfer: häufige und auf-
fällige Arten im Porträt; für
Käfer-Einsteiger: wichtige
Familien, Merkmale, Biologie.

Bestimmen auf einen Blick
Michael Lohmann
**Käfer, Libellen und
andere Insekten**
Häufige, auffällige und leicht
zu beobachtende Insekten
(ohne Schmetterlinge): rund
200 Arten in Bild und Text;
mit Faltplan: alle Arten auf
einen Blick.

Im BLV Verlag   Garten und Zimmerpflanzen • Natur • Heimtiere •
finden Sie Bücher   Jagd und Angeln • Pferde und Reiten • Sport und Fitness •
zu den Themen: Wandern und Alpinismus • Essen und Trinken

Ausführliche Informationen erhalten Sie bei:

BLV Verlagsgesellschaft mbH
Postfach 40 03 20 • 80703 München
Tel. 089 / 127 05-0 • Fax -543 • http://www.blv.de